Parita Singh

IA e economia: Moldar o futuro das paisagens económicas

Parita Singh

IA e economia: Moldar o futuro das paisagens económicas

ScienciaScripts

Imprint

Any brand names and product names mentioned in this book are subject to trademark, brand or patent protection and are trademarks or registered trademarks of their respective holders. The use of brand names, product names, common names, trade names, product descriptions etc. even without a particular marking in this work is in no way to be construed to mean that such names may be regarded as unrestricted in respect of trademark and brand protection legislation and could thus be used by anyone.

Cover image: www.ingimage.com

This book is a translation from the original published under ISBN 978-620-7-65358-4.

Publisher:
Sciencia Scripts
is a trademark of
Dodo Books Indian Ocean Ltd. and OmniScriptum S.R.L publishing group

120 High Road, East Finchley, London, N2 9ED, United Kingdom
Str. Armeneasca 28/1, office 1, Chisinau MD-2012, Republic of Moldova, Europe
Printed at: see last page
ISBN: 978-620-7-76036-7

IA e economia: Moldar o futuro das paisagens económicas

Por

Dr. Parita Singh

KIET, Ghaziabad, Uttar Pradesh, Índia

PREFÁCIO

IA e Economia: Shaping the Future of Economic Landscapes embarca numa exploração da intersecção entre a inteligência artificial (IA) e a economia, dois campos dinâmicos que estão a remodelar o tecido da nossa sociedade de forma profunda. À medida que o mundo passa por avanços tecnológicos sem precedentes, é imperativo compreender como a IA está a influenciar os sistemas, as políticas e os comportamentos económicos e como a economia, por sua vez, está a moldar o desenvolvimento e a implantação de tecnologias de IA. A rápida proliferação das tecnologias de IA está a revolucionar as indústrias, as economias e as sociedades em todo o mundo. Dos sistemas automatizados de tomada de decisões à análise preditiva e aos algoritmos de aprendizagem automática, a IA está a transformar a forma como as empresas funcionam, os governos governam e os indivíduos interagem com o mundo que os rodeia. Enquanto economistas, decisores políticos e líderes empresariais se debatem com as implicações desta revolução tecnológica, é essencial examinar a complexa interação entre a IA e a economia e as suas consequências de grande alcance para o nosso futuro coletivo. Neste livro, aprofundamos temas como o impacto da IA nos mercados de trabalho, na distribuição de rendimentos e no crescimento económico, bem como o papel da economia na orientação do desenvolvimento e da implantação de tecnologias de IA de uma forma socialmente responsável.

Dr. Parita Singh

CONTEÚDO

Introdução à Economia e à Inteligência Artificial 4

IA na previsão e modelação económica 17

Economia do Trabalho e IA 35

IA nos mercados financeiros 50

A IA e a desigualdade económica 64

IA na política económica e na governação 77

IA em Comércio Internacional e Globalização 91

IA e economia de consumo 104

IA na economia dos cuidados de saúde 119

O futuro da IA na economia 134

BIBLIOGRAFIA 147

CAPÍTULO 1

Introdução à Economia e à Inteligência Artificial

Jyoti Kataria

Escola de Engenharia e Tecnologia

K. R. Mangalam University, Gurugram, Haryana, Índia

Gaurav Kansal

Escola de Engenharia

ABES(IT), Ghaziabad, Uttar Pradesh, Índia

Introdução

A economia é a ciência social que estuda a forma como os indivíduos, as empresas e os governos fazem escolhas sobre a afetação de recursos escassos para satisfazer desejos ilimitados. Este campo engloba uma vasta gama de conceitos e teorias que explicam como os agentes económicos interagem em vários mercados e como as economias funcionam como um todo.

Conceitos básicos de economia

Escassez e escolha: A escassez é o problema económico fundamental da existência de desejos humanos aparentemente ilimitados num mundo de recursos limitados. É necessário fazer escolhas sobre como afetar os recursos de forma eficiente. Cada escolha envolve um compromisso, uma vez que escolher mais de uma coisa significa obter menos de outra. Este conceito é fundamental porque está na base de grande parte da teoria económica e da tomada de decisões.

Custo de oportunidade: O custo de oportunidade é o valor da melhor alternativa seguinte a que se renunciou ao tomar uma decisão. Trata-se de um conceito crucial para compreender o verdadeiro custo de qualquer escolha, uma vez que inclui não só os custos explícitos, mas também os custos implícitos das alternativas perdidas. Por exemplo, o custo de oportunidade de frequentar a universidade não é apenas o valor das propinas, mas também o rendimento que se poderia ter obtido trabalhando.

Oferta e procura: O modelo da oferta e da procura é o conceito mais fundamental da microeconomia. Explica como os preços e as quantidades de bens e serviços são determinados num mercado. A lei da procura estabelece que, em igualdade de circunstâncias, à medida que o preço de um bem desce, a quantidade procurada aumenta. Inversamente, a lei da oferta estabelece que, à medida que o preço de um bem aumenta, a quantidade oferecida também aumenta. A interação da oferta e da procura determina o preço e a quantidade de equilíbrio num mercado.

Equilíbrio de mercado: O equilíbrio do mercado ocorre quando a quantidade procurada é igual à quantidade oferecida a um determinado preço. Nesta altura, não há tendência para o preço mudar, uma vez que o mercado está livre. Alterações em factores externos, conhecidas como mudanças na procura ou na oferta, podem perturbar o equilíbrio e criar excedentes ou escassez, levando a novos preços e quantidades de equilíbrio.

Elasticidade: A elasticidade mede a reação da quantidade procurada ou oferecida a alterações num dos seus determinantes, como o preço, o rendimento ou o preço de bens relacionados. A elasticidade-preço da procura, por exemplo, mede em que medida a quantidade procurada de um bem responde a uma alteração do seu preço. Os bens com uma elasticidade elevada são considerados mais sensíveis às variações de preço, enquanto os bens com uma elasticidade baixa são menos sensíveis.

Teorias fundamentais da economia

Economia clássica: A economia clássica, fundada por Adam Smith no século XVIII, baseia-se na ideia de que os mercados livres podem regular-se a si próprios através do mecanismo da mão invisível. Parte do princípio de que os indivíduos que actuam no seu próprio interesse podem conduzir a resultados positivos para a economia no seu conjunto. Os conceitos-chave da economia clássica incluem a importância da concorrência, o papel do governo no fornecimento de bens públicos e a importância da poupança e do investimento para o crescimento económico.

Economia Keynesiana: Desenvolvida por John Maynard Keynes durante a Grande Depressão, a economia keynesiana desafia a noção clássica de que os mercados são sempre auto-correctores. Keynes defendia que a procura agregada - a procura total de bens e serviços numa economia - é o principal motor do crescimento económico e do emprego. Defendeu a intervenção ativa do governo, através de políticas fiscais e monetárias, para gerir os ciclos económicos e atenuar o impacto das recessões.

Monetarismo: O Monetarismo, liderado por Milton Friedman, enfatiza o papel dos governos no controlo da quantidade de moeda em circulação. Os monetaristas defendem que as variações na oferta de moeda têm grande influência na produção nacional a curto prazo e no nível de preços a longo prazo. Criticam as políticas keynesianas, defendendo, em vez disso, uma expansão pequena e constante da oferta de moeda e um papel limitado do governo na economia.

Economia neoclássica: A economia neoclássica baseia-se no trabalho dos economistas clássicos, mas centra-se mais na determinação dos preços, produtos e distribuição de rendimentos através da oferta e da procura. Baseia-se fortemente em modelos matemáticos para descrever os processos económicos e assume que os indivíduos têm preferências racionais e agem para maximizar a sua utilidade. Esta teoria também enfatiza a importância do marginalismo, que examina os efeitos de alterações incrementais nas variáveis económicas.

Economia comportamental: A economia comportamental integra conhecimentos da psicologia na teoria económica para compreender melhor o comportamento real dos indivíduos, por oposição ao comportamento que teriam se fossem perfeitamente racionais. Examina a forma como as tendências cognitivas, as emoções e as influências sociais podem afetar a tomada de decisões económicas. Os principais contributos da economia comportamental incluem os conceitos de racionalidade limitada, aversão à perda e teoria da perspetiva.

Economia do desenvolvimento: A economia do desenvolvimento centra-se na melhoria das condições fiscais, económicas e sociais nos países em desenvolvimento. Aborda uma vasta gama de questões, tais como a redução da pobreza, o crescimento económico e a distribuição de rendimentos. As teorias da economia do desenvolvimento exploram a forma como as economias podem evoluir de um estatuto de baixo rendimento para um estatuto de elevado rendimento e realçam o papel das instituições, da educação e da saúde na promoção do desenvolvimento.

Economia Internacional: A economia internacional estuda o fluxo de bens, serviços e capital através das fronteiras. Inclui a teoria do comércio, que examina as razões e os benefícios para os países se envolverem no comércio internacional, e a política comercial, que analisa o impacto das tarifas, quotas e acordos comerciais. Além disso, analisa as finanças internacionais, incluindo as taxas de câmbio e a balança de pagamentos.

Economia do ambiente: A economia do ambiente avalia o impacto económico das políticas ambientais e explora a forma como as actividades económicas afectam o ambiente. O seu objetivo é encontrar um equilíbrio entre o crescimento económico e a sustentabilidade ambiental, utilizando ferramentas como a análise custo-benefício, instrumentos baseados no mercado (como a fixação de preços do carbono) e a avaliação dos serviços ecossistémicos.

Economia institucional: A economia institucional centra-se no papel das instituições e no seu impacto no desempenho económico. As instituições, que incluem leis, regulamentos, normas e convenções, moldam o comportamento e as interacções económicas. Esta área analisa a forma como as instituições evoluem, como influenciam os resultados económicos e a interação entre a mudança institucional e o desenvolvimento económico.

Economia pública: A economia pública, ou o estudo da política governamental através da lente da eficiência económica e da equidade, lida com questões como a tributação, a despesa pública e a conceção de políticas públicas. Explora o papel do governo na correção das falhas do mercado, na redistribuição do rendimento e no fornecimento de bens públicos.

Inteligência Artificial: Definições e aplicações

A Inteligência Artificial (IA) surgiu como uma das tecnologias mais transformadoras do século XXI, com impacto em vários sectores e alterando a forma como vivemos, trabalhamos e interagimos. Na sua essência, a IA refere-se à simulação de processos de inteligência humana por máquinas, nomeadamente sistemas informáticos. Estes processos incluem a aprendizagem (a aquisição de informação e regras de utilização da informação), o raciocínio (a utilização de regras para chegar a conclusões aproximadas ou definitivas) e a auto-correção.

Definições de Inteligência Artificial

A IA é um domínio vasto e multifacetado que engloba vários subdomínios, metodologias e tecnologias. As definições de IA podem ser classificadas em várias perspetivas:

Perspetiva filosófica: Filosoficamente, a IA é frequentemente definida como a ciência e a engenharia da criação de agentes inteligentes, em que um agente inteligente é um sistema que percebe o seu ambiente e toma medidas que maximizam as suas hipóteses de atingir objectivos específicos. Esta definição realça a natureza orientada para os objectivos da IA, alinhando-a com as capacidades humanas de resolução de problemas e de tomada de decisões.

Perspetiva técnica: De um ponto de vista técnico, a IA é definida como a capacidade de uma máquina imitar o comportamento humano inteligente. Isto inclui a capacidade de processar linguagem natural, reconhecer padrões, resolver problemas, aprender com a experiência e adaptar-se a novas situações. As tecnologias de IA envolvem frequentemente algoritmos complexos, redes neuronais e técnicas sofisticadas de processamento de dados para atingir estas capacidades.

Perspetiva operacional: Em termos operacionais, a IA é descrita como um conjunto de tecnologias que permitem às máquinas executar tarefas que normalmente exigiriam a inteligência humana. Estas tarefas incluem a perceção visual, o reconhecimento da fala, a tomada de decisões e a tradução de línguas. Esta definição sublinha os aspectos práticos da IA, centrando-se na sua aplicação em cenários do mundo real.

Perspetiva funcional: Do ponto de vista funcional, a IA é vista como sistemas ou máquinas que imitam funções cognitivas associadas à mente humana, como a aprendizagem e a resolução de problemas. Esta perspetiva realça a equivalência funcional entre os sistemas de IA e a cognição humana, com o objetivo de reproduzir nas máquinas uma compreensão e respostas semelhantes às humanas.

Aplicações da Inteligência Artificial

As aplicações da IA são vastas e variadas, abrangendo numerosas indústrias e sectores. De seguida, apresentamos algumas das aplicações mais significativas e impactantes da IA:

Cuidados de saúde: Nos cuidados de saúde, a IA está a revolucionar os diagnósticos, o planeamento de tratamentos e os cuidados aos doentes. Os algoritmos de IA podem analisar imagens médicas, como radiografias e ressonâncias magnéticas, para detetar anomalias com elevada precisão. Os modelos de aprendizagem automática prevêem surtos de doenças, optimizam os planos de tratamento e personalizam os cuidados aos doentes com base em dados genéticos e no historial médico. Os robots alimentados por IA ajudam nas cirurgias, melhorando a precisão e os resultados. Além disso, os chatbots baseados em IA prestam apoio aos doentes 24 horas por dia, 7 dias por semana, respondendo a questões e marcando consultas.

Finanças: O sector financeiro utiliza amplamente a IA para deteção de fraudes, gestão de riscos e negociação algorítmica. Os sistemas de IA analisam padrões de transação para identificar actividades fraudulentas, protegendo os consumidores e as instituições financeiras. Na gestão do risco, os modelos de IA avaliam a fiabilidade creditícia e prevêem as tendências do mercado, ajudando nas decisões de investimento. A negociação algorítmica, impulsionada pela IA, executa transacções de alta velocidade com base na análise de dados de mercado, aumentando a eficiência e a rentabilidade da negociação.

Retalho: A IA transforma o sector do retalho através de experiências de compra personalizadas, gestão de inventário e serviço ao cliente. As plataformas de comércio eletrónico utilizam a IA para recomendar produtos com base nas preferências do utilizador e no histórico de navegação, aumentando as vendas e a satisfação do cliente. Nas lojas físicas, a IA monitoriza os níveis de inventário, prevê a procura e optimiza as cadeias de fornecimento. Os chatbots e os assistentes virtuais alimentados por IA melhoram o serviço ao cliente, fornecendo apoio imediato e resolvendo problemas.

Fabrico: Na indústria transformadora, a IA melhora a eficiência, o controlo de qualidade e a manutenção preditiva. Os robots e os sistemas de automação orientados para a IA executam tarefas repetitivas com precisão e consistência, aumentando as taxas de produção e reduzindo os erros. Os algoritmos de IA monitorizam os processos de produção em tempo real, identificando defeitos e garantindo padrões de qualidade. A manutenção preditiva, alimentada por IA, prevê falhas no equipamento e programa a manutenção, minimizando o tempo de inatividade e os custos operacionais.

Transportes: O sector dos transportes beneficia da IA através de veículos autónomos, da gestão do tráfego e da otimização da logística. Os carros autónomos, equipados com IA, navegam e funcionam sem intervenção humana, prometendo um transporte mais seguro e eficiente. Os sistemas de gestão de tráfego baseados em IA analisam dados em tempo real para otimizar o fluxo de tráfego, reduzir o congestionamento e melhorar a segurança rodoviária. Na logística, os algoritmos de IA optimizam o planeamento de rotas, reduzindo os tempos e os custos de entrega.

Educação: A IA melhora a experiência educativa, proporcionando uma aprendizagem personalizada, automatizando tarefas administrativas e oferecendo tutoria inteligente. As plataformas alimentadas por IA avaliam o desempenho dos alunos e adaptam os conteúdos educativos aos estilos e necessidades de aprendizagem individuais, melhorando o envolvimento e os resultados. Os sistemas administrativos de IA automatizam a classificação, a programação e a manutenção de registos, libertando os educadores para se concentrarem no ensino. Os sistemas de tutoria inteligente fornecem aos alunos feedback e orientação instantâneos, apoiando o seu percurso de aprendizagem.

Entretenimento: A indústria do entretenimento tira partido da IA para a criação de conteúdos, sistemas de recomendação e experiências imersivas. Os algoritmos de IA geram música, arte e guiões, alargando os limites da expressão criativa. Os serviços de streaming utilizam a IA para recomendar filmes, programas e música com base nas preferências dos utilizadores, aumentando a participação dos espectadores. As tecnologias de realidade virtual e de realidade aumentada impulsionadas pela IA criam experiências imersivas em jogos e entretenimento, oferecendo novas formas de interação e de contar histórias.

Serviço ao cliente: Os chatbots e os assistentes virtuais alimentados por IA estão a transformar o serviço ao cliente em todos os sectores. Estes sistemas tratam dos pedidos de informação dos clientes, fornecem informações sobre produtos e resolvem problemas, oferecendo apoio 24 horas por dia, 7 dias por semana. A IA analisa as interacções com os clientes para melhorar a qualidade do serviço e a satisfação do cliente. Ao automatizar as tarefas de rotina, a IA liberta os agentes humanos para lidarem com questões mais complexas e sensíveis, melhorando a eficiência e a eficácia globais.

Monitorização ambiental: A IA contribui para a sustentabilidade ambiental através de esforços de monitorização, previsão e conservação. Os modelos de IA analisam dados climáticos para prever padrões climáticos, catástrofes naturais e alterações ambientais, ajudando na preparação e resposta. Os sensores alimentados por IA monitorizam a qualidade do ar e da água, detectam fontes de poluição e acompanham as populações de animais selvagens, apoiando iniciativas de conservação. A IA também optimiza a utilização de recursos e o consumo de energia, promovendo práticas sustentáveis.

Segurança e vigilância: A IA melhora a segurança e a vigilância através de sistemas avançados de monitorização, deteção de ameaças e resposta. As câmaras e os sensores com IA analisam as imagens de vídeo e detectam actividades suspeitas, alertando as autoridades em tempo real. Os algoritmos de IA identificam e seguem indivíduos, veículos e objectos, melhorando o conhecimento da situação e a gestão da segurança. Na cibersegurança, a IA detecta e responde a ciberameaças, protegendo dados e sistemas contra ataques.

Economia e IA: Perspetiva histórica

A intersecção da economia e da inteligência artificial (IA) é um domínio em rápida evolução que funde a teoria e as metodologias económicas com tecnologias avançadas de IA para melhorar a tomada de decisões, a eficiência e as capacidades de previsão. Compreender a perspetiva histórica desta intersecção fornece informações sobre a forma como a integração destas duas disciplinas se desenvolveu ao longo do tempo e destaca os principais marcos que moldaram a sua trajetória atual e futura.

Primeiros desenvolvimentos em economia e informática

O percurso da integração da IA na economia remonta a meados do século XX, quando o advento dos computadores revolucionou o processamento e a análise de dados. Os economistas começaram a tirar partido do poder computacional para efetuar cálculos complexos, o que anteriormente era impraticável. Os primeiros modelos econométricos, que são modelos estatísticos utilizados para descrever fenómenos económicos, basearam-se fortemente nestes avanços computacionais. O desenvolvimento destes modelos marcou o primeiro passo significativo para a integração de técnicas computacionais na economia.

Um desenvolvimento inicial notável foi o trabalho sobre programação linear e problemas de otimização. O algoritmo simplex de George Dantzig, introduzido na década de 1940, permitiu a resolução eficiente de problemas de programação linear em grande escala. Este foi um momento crucial, pois demonstrou o potencial dos métodos computacionais na resolução de problemas de otimização económica, lançando as bases para a futura integração de técnicas de IA mais sofisticadas.

O advento da Inteligência Artificial

O início formal da IA como área de estudo começou na década de 1950, com investigadores como John McCarthy, Marvin Minsky e Herbert Simon a serem pioneiros no desenvolvimento de conceitos de IA. Os primeiros conceitos de IA centraram-se no raciocínio simbólico e na resolução de problemas, em paralelo com os processos de tomada de decisão estudados em economia. Herbert Simon, laureado com o Prémio Nobel da Economia, foi fundamental para colmatar o fosso entre estes domínios. O seu trabalho sobre a racionalidade limitada, que explora as limitações da tomada de decisões humana em ambientes económicos, é paralelo ao enfoque da IA na simulação dos processos cognitivos humanos.

Economia computacional e modelação baseada em agentes

As décadas de 1980 e 1990 assistiram a avanços significativos no poder computacional e nas técnicas de IA, o que levou ao aparecimento da economia computacional. Este subcampo utiliza modelos baseados em computador para simular processos económicos e testar teorias económicas. Um dos principais desenvolvimentos durante este período foi o aparecimento da modelação baseada em agentes (ABM).

Os modelos baseados em agentes simulam as interacções de agentes individuais, cada um com o seu próprio conjunto de regras e comportamentos, para estudar as propriedades emergentes dos sistemas económicos. Estes modelos estão em sintonia com o objetivo da IA de simular comportamentos inteligentes. A ABM permite aos economistas explorar dinâmicas económicas complexas, como o comportamento do mercado, as crises financeiras e o impacto das políticas, num ambiente virtual controlado. Esta abordagem tem sido particularmente útil para compreender fenómenos que são difíceis de captar com os métodos analíticos tradicionais.

Aprendizagem automática e grandes volumes de dados

O século XXI trouxe uma revolução na IA com o advento da aprendizagem automática e a explosão dos grandes volumes de dados. Os algoritmos de aprendizagem automática, que permitem aos computadores aprender e fazer previsões com base em dados, tiveram profundas implicações para a economia. A capacidade de processar grandes quantidades de dados em tempo real e de descobrir padrões e ideias transformou a investigação e a prática económicas.

Uma das principais aplicações da aprendizagem automática em economia é a análise preditiva. Os economistas podem agora utilizar modelos de aprendizagem automática para prever indicadores económicos, como o crescimento do PIB, as taxas de inflação e as tendências de desemprego, com maior precisão. Estes modelos de previsão são inestimáveis para os decisores políticos e as empresas tomarem decisões informadas.

Além disso, a aprendizagem automática melhorou o domínio da econometria. Os modelos econométricos tradicionais baseiam-se frequentemente em pressupostos sobre a distribuição subjacente dos dados, que nem sempre são verdadeiros. As técnicas de aprendizagem automática, por outro lado, são mais flexíveis e podem captar relações não lineares complexas nos dados. Isto conduziu a modelos económicos mais robustos e fiáveis.

IA nos mercados financeiros

O sector financeiro tem estado na vanguarda da adoção de tecnologias de IA. A negociação de alta-frequência (HFT), que utiliza algoritmos de IA para executar transacções a velocidades extremamente elevadas, revolucionou os mercados financeiros. Estes algoritmos analisam grandes quantidades de dados de mercado e executam transacções com base em estratégias predefinidas, muitas vezes em milissegundos. A HFT aumentou a liquidez e a eficiência do mercado, mas também suscitou preocupações quanto à estabilidade e equidade do mercado.

A IA é também amplamente utilizada na pontuação de crédito, na deteção de fraudes e na gestão de riscos. Os algoritmos de aprendizagem automática analisam uma vasta gama de pontos de dados para avaliar a solvabilidade, detetar transacções fraudulentas e prever potenciais riscos. Este facto melhorou significativamente a precisão e a eficiência destes processos, beneficiando tanto as instituições financeiras como os consumidores.

Implicações políticas e considerações éticas

À medida que a IA continua a permear vários aspectos da economia, traz consigo importantes implicações políticas e considerações éticas. A utilização da IA na tomada de decisões económicas levanta questões sobre transparência, responsabilidade e parcialidade. Por exemplo, os algoritmos de IA utilizados nas decisões de empréstimo e de contratação devem ser cuidadosamente concebidos para evitar resultados discriminatórios.

Além disso, o impacto da IA no emprego e na distribuição do rendimento é uma grande preocupação. Embora a IA tenha o potencial de aumentar a produtividade e o crescimento económico, também apresenta o risco de deslocação de postos de trabalho e de aumento da desigualdade económica.

O futuro da IA e da economia

Olhando para o futuro, a intersecção entre a economia e a IA está pronta para se aprofundar ainda mais. Os avanços na IA, como a aprendizagem profunda e o processamento de linguagem natural, permitirão modelos e análises económicas mais sofisticados. Por exemplo, a IA pode ser utilizada para analisar dados textuais de artigos noticiosos, redes sociais e documentos académicos para avaliar o sentimento do público e prever tendências económicas. Além disso, a integração da IA com a tecnologia de cadeia de blocos tem o potencial de transformar várias actividades económicas, como a gestão da cadeia de abastecimento, a execução de contratos e as finanças descentralizadas. Estas inovações poderão conduzir a sistemas económicos mais transparentes, eficientes e seguros.

CAPÍTULO 2

IA na previsão e modelação económica

Jyoti Kataria

Escola de Engenharia e Tecnologia

K. R. Mangalam University, Gurugram, Haryana, Índia

Deepak Singh

Departamento de Engenharia e Tecnologia

ABES(IT), Ghaziabad, Uttar Pradesh, Índia

Introdução

A previsão económica é uma prática essencial para os governos, empresas e decisores políticos, permitindo-lhes antecipar as condições económicas futuras e tomar decisões informadas. Os métodos tradicionais de previsão económica têm sido a espinha dorsal das previsões económicas durante décadas, fornecendo abordagens estruturadas para analisar dados históricos, identificar tendências e projetar cenários económicos futuros.

Análise de séries temporais

Um dos métodos tradicionais mais utilizados na previsão económica é a análise de séries cronológicas. Este método envolve a análise de pontos de dados históricos, normalmente recolhidos em intervalos regulares, para identificar padrões e tendências subjacentes. A análise de séries cronológicas pressupõe que os padrões históricos se manterão no futuro, permitindo assim que os analistas façam previsões com base no comportamento passado.

Componentes da análise de séries temporais

A análise de séries temporais decompõe os dados em vários componentes:

Componente de tendência: Representa a progressão a longo prazo dos dados, mostrando um movimento geral ascendente ou descendente.

Componente sazonal: Capta as flutuações periódicas em intervalos específicos, como mensais ou trimestrais.

Componente cíclica: Esta componente reflecte ciclos económicos mais amplos, frequentemente associados a ciclos económicos.

Componente irregular: Inclui variações aleatórias que são imprevisíveis e não são explicadas pelos outros componentes.

Métodos de análise de séries temporais

Vários métodos são utilizados na análise de séries temporais, incluindo:

Médias móveis: Esta técnica suaviza os dados através da média das observações dentro de uma janela especificada, ajudando a identificar tendências através da redução das flutuações a curto prazo.

Suavização exponencial: Este método dá mais peso às observações recentes, embora continue a considerar os dados anteriores, tornando-o reativo às alterações nas séries de dados.

ARIMA (Média Móvel Integrada Auto-Regressiva): Os modelos ARIMA combinam processos de auto-regressão, diferenciação e média móvel para lidar com uma vasta gama de dados de séries cronológicas. É particularmente eficaz para dados não estacionários em que as propriedades estatísticas, como a média e a variância, se alteram ao longo do tempo.

Modelos econométricos

Os modelos econométricos são modelos estatísticos que utilizam a teoria económica para estruturar as relações entre diferentes variáveis económicas. Estes modelos têm como objetivo quantificar as relações e testar hipóteses, fornecendo uma base teórica sólida para as previsões.

Tipos de modelos econométricos

Modelos de equação única: Estes modelos centram-se numa única variável dependente influenciada por uma ou mais variáveis independentes. A regressão por mínimos quadrados ordinários (OLS) é normalmente utilizada para estimar as relações.

Modelos de equações simultâneas: Estes modelos envolvem múltiplas equações interdependentes em que as variáveis podem ser simultaneamente dependentes e independentes. Métodos como o Two-Stage Least Squares (2SLS) são empregues para lidar com as interdependências.

Autoregressão Vetorial (VAR): Os modelos VAR captam as interdependências lineares entre várias séries cronológicas de dados. Ao contrário dos modelos de equação única, o VAR trata todas as variáveis como endógenas, proporcionando uma análise mais abrangente dos sistemas económicos dinâmicos.

Análise Input-Output

A análise input-output é um método desenvolvido por Wassily Leontief para compreender as interdependências entre os diferentes sectores de uma economia. Este método utiliza quadros de entradas-saídas para determinar a forma como a produção de um sector serve de entrada para outro, fornecendo uma imagem detalhada das interacções económicas.

Aplicações da análise de entradas e saídas

Análise do impacto económico: Ao compreender as ligações sectoriais, a análise de entradas-saídas ajuda a prever como as mudanças numa indústria podem repercutir-se na economia, afectando a produção, o emprego e o rendimento noutros sectores.

Análise de políticas: Os governos utilizam a análise de entradas-saídas para avaliar os impactos potenciais das alterações políticas, como as reformas fiscais ou as políticas comerciais, nos diferentes sectores e na economia em geral.

Abordagem do indicador principal

A abordagem do indicador avançado envolve a identificação e o acompanhamento de indicadores económicos que tendem a mudar antes da economia em geral. Estes indicadores fornecem sinais precoces sobre a direção da atividade económica futura.

Indicadores principais comuns

Índices do mercado de acções: Os preços das acções reflectem frequentemente as expectativas dos investidores sobre o desempenho económico futuro, o que os torna indicadores valiosos das tendências económicas.

Ordens de fabrico: As alterações nas novas encomendas de produtos manufacturados podem sinalizar mudanças na produção e na atividade económica.

Índice de Confiança do Consumidor: O sentimento do consumidor em relação à economia pode prever futuros padrões de consumo, que impulsionam uma parte significativa da atividade económica.

Previsão de julgamento

As previsões com base em juízos de valor baseiam-se em opiniões de peritos e avaliações qualitativas e não em dados quantitativos. Esta abordagem é particularmente útil quando os dados históricos são limitados ou quando o ambiente económico está a sofrer alterações estruturais significativas que tornam os dados anteriores menos relevantes.

Técnicas de previsão com base em juízos de valor

Método Delphi: Esta técnica de comunicação estruturada recolhe informações de um painel de peritos através de várias rondas de questionários, sendo o feedback agregado e partilhado após cada ronda para aperfeiçoar as previsões.

Análise de cenários: Os peritos desenvolvem diferentes cenários com base em diferentes pressupostos sobre os principais factores económicos, fornecendo uma gama de possíveis resultados futuros.

Limitações dos métodos tradicionais

Embora os métodos tradicionais de previsão económica se tenham revelado úteis, apresentam várias limitações:

Qualidade e disponibilidade dos dados: Dados fiáveis e atempados são cruciais para previsões precisas. As imprecisões ou atrasos nos dados podem levar a previsões incorrectas.

Pressupostos do modelo: Muitos modelos tradicionais baseiam-se em pressupostos que podem não se manter em cenários do mundo real. Por exemplo, os modelos de séries cronológicas partem do princípio de que os padrões do passado se mantêm, o que pode nem sempre ser o caso.

Complexidade e computação: Alguns modelos econométricos, especialmente os modelos de equações simultâneas, podem tornar-se muito complexos e exigir recursos computacionais substanciais.

Choques externos: Os métodos tradicionais têm frequentemente dificuldade em ter em conta acontecimentos ou choques inesperados, como catástrofes naturais ou mudanças geopolíticas súbitas, que podem alterar drasticamente as condições económicas.

Técnicas de IA na modelação preditiva

A modelação preditiva é uma técnica estatística poderosa utilizada para prever resultados futuros com base em dados históricos. A incorporação da inteligência artificial (IA) na modelação preditiva melhorou significativamente a sua precisão, eficiência e aplicabilidade em vários domínios. As técnicas de IA, como a aprendizagem automática, a aprendizagem profunda e o processamento de linguagem natural (PNL), revolucionaram a modelação preditiva, permitindo o processamento de vastos conjuntos de dados e a descoberta de padrões complexos.

1. Aprendizagem automática na modelação preditiva

A aprendizagem automática (ML) é um subconjunto da IA que se centra na criação de sistemas que podem aprender com os dados e melhorar o seu desempenho ao longo do tempo sem serem explicitamente programados. Na modelação preditiva, os algoritmos de aprendizagem automática são utilizados para identificar padrões e relações nos dados, que podem depois ser utilizados para fazer previsões sobre eventos futuros.

a. Aprendizagem supervisionada

A aprendizagem supervisionada é uma das técnicas mais comuns na modelação preditiva. Envolve o treino de um modelo num conjunto de dados rotulados, em que o resultado é conhecido. Algoritmos como a regressão linear, a regressão logística, as máquinas de vectores de suporte (SVM) e as florestas aleatórias são amplamente utilizados. Estes algoritmos aprendem o mapeamento das características de entrada para a variável de saída e podem prever resultados para dados novos e não vistos.

Por exemplo, no sector financeiro, os modelos de aprendizagem supervisionada podem prever o risco de incumprimento do crédito através da análise de dados históricos sobre o comportamento financeiro dos mutuários. Do mesmo modo, no sector da saúde, estes modelos podem prever os resultados dos pacientes com base no historial médico e nos dados de tratamento.

b. Aprendizagem não supervisionada

A aprendizagem não supervisionada lida com dados não rotulados, com o objetivo de identificar padrões ou estruturas subjacentes. Os algoritmos de agrupamento e associação, como o k-means e o agrupamento hierárquico, são normalmente utilizados neste contexto. Estas técnicas ajudam a segmentar os dados em clusters significativos ou a identificar associações entre variáveis.

No marketing, a aprendizagem não supervisionada pode segmentar os clientes com base no comportamento de compra, permitindo estratégias de marketing personalizadas. Na cibersegurança, pode detetar padrões anómalos que podem indicar actividades fraudulentas ou violações de segurança.

c. Aprendizagem em conjunto

A aprendizagem em conjunto combina vários modelos de ML para melhorar a precisão da previsão. Técnicas como bagging, boosting e stacking aproveitam os pontos fortes dos modelos individuais para produzir um modelo de previsão mais robusto. As florestas aleatórias e as máquinas de reforço de gradiente (GBM) são exemplos populares de métodos de conjunto.

Por exemplo, na ciência ambiental, os modelos de conjunto podem prever as alterações climáticas com maior exatidão, combinando as previsões de vários modelos climáticos. Nas finanças, melhoram as previsões dos preços das acções agregando as previsões de diferentes modelos individuais.

2. Aprendizagem profunda na modelação preditiva

A aprendizagem profunda (AP) é um subconjunto avançado da aprendizagem automática que utiliza redes neuronais com várias camadas (daí o termo "profunda") para modelar padrões complexos nos dados. A DL tem sido particularmente bem sucedida no tratamento de conjuntos de dados grandes e não estruturados, como imagens, áudio e texto.

a. Redes neurais

As redes neuronais são a base da aprendizagem profunda. São constituídas por camadas interligadas de nós (neurónios) que processam dados de entrada e aprendem representações hierárquicas. As redes neuronais convolucionais (CNN) e as redes neuronais recorrentes (RNN) são dois tipos proeminentes utilizados na modelação preditiva.

As CNN são amplamente utilizadas em tarefas de reconhecimento de imagem e vídeo. Por exemplo, na imagiologia médica, as CNN podem prever doenças através da análise de radiografias ou de exames de ressonância magnética. As RNN, concebidas para tratar dados sequenciais, são utilizadas em aplicações de previsão de séries temporais e de processamento de linguagem natural (PNL). No domínio financeiro, as RNN podem prever os preços das acções com base em dados de séries temporais históricas.

b. Aprendizagem por transferência

A aprendizagem por transferência envolve a utilização de modelos pré-treinados em grandes conjuntos de dados para tarefas de previsão específicas. Esta abordagem é particularmente útil quando os dados rotulados disponíveis para o problema em causa são limitados. A aprendizagem por transferência pode reduzir significativamente o tempo de formação e melhorar o desempenho do modelo.

No processamento de linguagem natural, modelos como o BERT (Bidirectional Encoder Representations from Transformers) e o GPT-3 (Generative Pre-trained Transformer 3) foram pré-treinados em vastos corpora de texto e podem ser aperfeiçoados para tarefas preditivas específicas, como a análise de sentimentos ou a tradução automática.

3. Processamento de linguagem natural na modelação preditiva

A PNL centra-se na interação entre os computadores e a linguagem humana. Permite a análise e a compreensão de dados textuais, muitas vezes não estruturados mas ricos em informação. As técnicas de PNL são utilizadas na modelação preditiva para extrair informações dos dados de texto.

a. Classificação do texto

A classificação de textos envolve a categorização de textos em classes predefinidas. Algoritmos como Naive Bayes, SVM e modelos de aprendizagem profunda são utilizados para tarefas como a análise de sentimentos, a deteção de spam e a modelação de tópicos. Por exemplo, os modelos de análise de sentimentos podem prever o sentimento dos clientes a partir de publicações ou comentários nas redes sociais, ajudando as empresas a avaliar a opinião pública.

b. Reconhecimento de Entidades Nomeadas (NER)

O NER é utilizado para identificar e classificar entidades (como nomes, datas, locais) no texto. É útil para extrair informações estruturadas de textos não estruturados. No sector financeiro, o NER pode extrair informações relevantes de artigos noticiosos para prever tendências de mercado. No sector da saúde, pode extrair informações sobre os pacientes a partir de notas clínicas para análise preditiva.

c. Geração de linguagem

A geração de linguagem envolve a criação de texto com significado com base em dados de entrada. O texto preditivo e a tradução automática são exemplos desta aplicação. Modelos avançados como o GPT-3 podem gerar texto semelhante ao humano, que pode ser utilizado para redigir relatórios, criar conteúdos ou até mesmo texto preditivo em plataformas de comunicação.

Impacto e aplicações

A integração de técnicas de IA na modelação preditiva teve um impacto profundo em vários sectores. Nos cuidados de saúde, os modelos preditivos melhoram os resultados dos pacientes, permitindo um diagnóstico precoce e planos de tratamento personalizados. No sector financeiro, melhoram a gestão do risco e as estratégias de investimento. No marketing, os modelos preditivos baseados em IA permitem estratégias de publicidade direccionada e de retenção de clientes. Além disso, na gestão da cadeia de abastecimento, optimizam os níveis de inventário e prevêem a procura com precisão.

Estudos de casos de IA na previsão económica

A previsão económica é crucial para os decisores políticos, empresas e investidores, uma vez que ajuda a antecipar as condições económicas futuras e a tomar decisões informadas. Os métodos tradicionais de previsão económica baseiam-se frequentemente em modelos estatísticos que podem ter dificuldade em lidar com a complexidade e o volume dos dados económicos modernos. A Inteligência Artificial (IA), com o seu avançado poder computacional e capacidade de lidar com grandes conjuntos de dados, surgiu como uma ferramenta transformadora na previsão económica.

Estudo de caso 1: O Banco Central do Canadá

O Banco Central do Canadá tem estado na vanguarda da integração da IA nos seus processos de previsão económica. Num esforço para melhorar a precisão das suas previsões macroeconómicas, o banco utilizou algoritmos de aprendizagem automática para analisar grandes volumes de dados económicos. Ao tirar partido da IA, o Banco Central do Canadá conseguiu aperfeiçoar as suas previsões sobre o crescimento do PIB, as taxas de inflação e os números do desemprego.

Uma componente fundamental da sua abordagem foi a utilização de redes neuronais, que são particularmente hábeis no reconhecimento de padrões em conjuntos de dados complexos. Estas redes neuronais foram treinadas com base em dados económicos históricos e continuamente actualizadas com novas informações. O resultado foi uma melhoria significativa da exatidão das previsões, o que permitiu ao banco tomar decisões mais informadas em matéria de política monetária. Por exemplo, durante as recessões económicas, as previsões baseadas em IA forneceram informações atempadas que permitiram ao banco implementar medidas para mitigar potenciais impactos negativos de forma mais eficaz.

Estudo de caso 2: A visão económica da Amazon

A Amazon, líder mundial em comércio eletrónico e tecnologia, utilizou a IA para prever as condições económicas que afectam a sua vasta cadeia de abastecimento e o desempenho das vendas. Ao utilizar modelos baseados em IA, a Amazon analisa uma multiplicidade de variáveis, incluindo padrões de consumo, perturbações na cadeia de abastecimento global e tendências de mercado.

Uma aplicação notável foi durante a pandemia da COVID-19, quando os modelos de previsão tradicionais tiveram dificuldade em prever as mudanças económicas sem precedentes. Os modelos de IA da Amazon, no entanto, adaptaram-se rapidamente aos novos dados, permitindo à empresa prever picos de procura de vários produtos e ajustar a sua cadeia de abastecimento em conformidade. Esta agilidade foi possível graças aos algoritmos de IA que processaram dados em tempo real de várias fontes, incluindo tendências de pesquisa online, análise de sentimentos nas redes sociais e dados de transacções. O sucesso desta abordagem não só sublinhou o poder da IA para lidar com perturbações económicas inesperadas, como também destacou o potencial de previsão económica em tempo real.

Estudo de caso 3: O Banco Central Europeu (BCE)

O Banco Central Europeu (BCE) incorporou a IA nas suas previsões económicas para melhorar as suas capacidades de decisão política. O BCE enfrentou desafios na previsão de indicadores económicos devido à natureza diversa e complexa das economias da zona euro. Ao implementar a IA, o BCE pretendia melhorar a granularidade e a precisão das suas previsões.

Uma abordagem inovadora foi a integração de técnicas de processamento de linguagem natural (PNL) para analisar grandes quantidades de dados não estruturados, tais como artigos noticiosos, relatórios financeiros e publicações nas redes sociais. Esta análise de sentimento baseada em IA forneceu ao BCE informações em tempo real sobre o sentimento do mercado e as condições económicas nos diferentes Estados-Membros. Como resultado, o BCE pôde tomar decisões de política mais matizadas e atempadas. Por exemplo, durante as crises financeiras, os modelos de IA ajudaram a identificar sinais precoces de dificuldades económicas em países específicos, permitindo ao BCE adaptar as suas intervenções de forma mais eficaz.

Estudo de caso 4: Previsão de retalho da Walmart

A Walmart, um dos maiores retalhistas do mundo, utilizou a IA para melhorar a sua previsão económica e otimizar as suas operações. O gigante do retalho baseia-se na IA para prever a procura dos consumidores, gerir o inventário e otimizar a sua cadeia de abastecimento.

O sistema de IA da Walmart analisa dados de milhões de transacções, padrões meteorológicos, indicadores económicos e até eventos locais para prever tendências de vendas. Esta capacidade de previsão foi particularmente valiosa durante a época festiva, quando a previsão exacta da procura é fundamental. Os modelos de IA ajudaram a Walmart a antecipar quais os produtos que teriam uma procura elevada, permitindo à empresa armazenar adequadamente e reduzir os casos de excesso de stock ou de rutura de stock. Isto não só melhorou a satisfação do cliente, como também optimizou a eficiência operacional e reduziu os custos. O sucesso da previsão orientada por IA da Walmart demonstra o potencial da IA para transformar a economia do retalho, fornecendo informações accionáveis sobre o comportamento do consumidor e a dinâmica do mercado.

Estudo de caso 5: O Gabinete Australiano de Estatísticas (ABS)

O Australian Bureau of Statistics (ABS) implementou a IA para melhorar as suas capacidades de previsão económica e análise estatística. Confrontado com o desafio de processar grandes quantidades de dados económicos provenientes de várias fontes, o ABS recorreu a algoritmos de aprendizagem automática para melhorar a precisão e a atualidade das suas previsões.

Uma aplicação significativa foi a previsão do mercado de trabalho. O ABS desenvolveu modelos de IA para prever tendências de emprego, crescimento salarial e taxas de desemprego. Estes modelos incorporaram dados de inquéritos laborais tradicionais, plataformas de redes sociais e anúncios de emprego em linha. A integração de diversas fontes de dados permitiu que o sistema de IA fornecesse informações mais abrangentes e atempadas sobre o mercado de trabalho. Por exemplo, durante períodos de transição económica, como a transformação digital das indústrias, os modelos de IA previram com precisão as mudanças nos padrões de emprego, ajudando os decisores políticos a conceber estratégias para apoiar a adaptação da força de trabalho e o desenvolvimento de competências.

Vantagens e desafios dos modelos económicos baseados na IA

A Inteligência Artificial (IA) revolucionou muitos sectores, e a economia não é exceção. Os modelos económicos baseados em IA estão a tornar-se cada vez mais proeminentes, prometendo maior precisão e eficiência na previsão económica, na elaboração de políticas e na análise de mercado. No entanto, estes avanços também trazem consigo um conjunto de desafios que precisam de ser abordados.

Vantagens dos modelos económicos baseados em IA

1. Maior precisão de previsão: Uma das principais vantagens dos modelos económicos baseados em IA é a sua capacidade de aumentar a precisão da previsão. Os modelos económicos tradicionais baseiam-se fortemente em dados históricos e pressupostos lineares, que muitas vezes não conseguem captar as complexidades das economias do mundo real. A IA, por outro lado, utiliza algoritmos de aprendizagem automática que podem analisar grandes quantidades de dados, identificar padrões e fazer previsões exactas. Por exemplo, a IA pode prever melhor os indicadores económicos, como o crescimento do PIB, as taxas de inflação e as tendências do desemprego, considerando uma multiplicidade de variáveis e as suas interdependências.

2. Análise de dados em tempo real: Os modelos baseados em IA são excelentes no processamento de dados em tempo real, permitindo aos economistas tomar decisões atempadas e informadas. Os modelos tradicionais sofrem frequentemente de desfasamentos temporais e atrasos na recolha e processamento de dados. Os sistemas de IA, no entanto, podem ingerir e analisar continuamente dados de várias fontes, como as redes sociais, transacções financeiras e tendências de mercado. Esta

análise em tempo real é crucial para responder prontamente a choques e mudanças económicas, aumentando assim a estabilidade e a resiliência económicas.

3. Automatização de tarefas de rotina: A IA pode automatizar muitas tarefas de rotina envolvidas na modelação económica, como a recolha de dados, a limpeza e a análise inicial. Esta automatização não só acelera o processo de modelação como também reduz a probabilidade de erro humano. Os economistas podem então concentrar-se em tarefas mais complexas e estratégicas, como a interpretação dos resultados e a formulação de políticas. Esta mudança de foco pode levar a soluções económicas mais inovadoras e eficazes.

4. Tratamento de dados de elevada dimensão: Os modelos económicos tradicionais têm frequentemente dificuldades com dados de elevada dimensão devido a limitações computacionais e ao risco de sobreajustamento. Os algoritmos de IA, nomeadamente os modelos de aprendizagem profunda, estão bem equipados para lidar com conjuntos de dados de elevada dimensão. Podem gerir e analisar dados com inúmeras variáveis sem comprometer a robustez do modelo. Esta capacidade permite uma compreensão mais abrangente dos fenómenos económicos, incorporando uma gama mais vasta de factores e interacções.

5. Melhoria da gestão dos riscos: Os modelos económicos baseados em IA melhoram a gestão do risco, fornecendo avaliações mais precisas e atempadas dos riscos potenciais. As instituições financeiras, por exemplo, podem utilizar a IA para avaliar os riscos de crédito, detetar actividades fraudulentas e prever a volatilidade do mercado. Estas avaliações de risco melhoradas ajudam a mitigar as perdas e a tomar decisões de investimento mais informadas, contribuindo para a estabilidade económica global.

Desafios dos modelos económicos baseados na IA

1. Qualidade e disponibilidade dos dados: Os modelos de IA requerem grandes volumes de dados de alta qualidade para funcionarem eficazmente. No entanto, em muitos casos, esses dados podem não estar imediatamente disponíveis ou podem estar incompletos, enviesados ou incorrectos. Os problemas de qualidade dos dados podem prejudicar significativamente o desempenho dos modelos de IA, conduzindo a previsões incorrectas e a recomendações de políticas não optimizadas. Garantir a qualidade dos dados e colmatar as lacunas na disponibilidade dos mesmos é um desafio fundamental para o êxito da implementação de modelos económicos baseados na IA.

2. Interpretabilidade e transparência do modelo: Os modelos de IA, nomeadamente as redes de aprendizagem profunda, são frequentemente considerados "caixas negras" devido à sua natureza complexa e opaca. Esta falta de interpretabilidade representa um desafio significativo, especialmente no domínio da economia, onde é crucial compreender a lógica subjacente às previsões e decisões. Os decisores políticos e as partes interessadas precisam de confiar e compreender os modelos de IA para adoptarem e implementarem as suas recomendações. Reforçar a transparência e a interpretabilidade dos modelos de IA é essencial para a sua aceitação e utilização generalizadas.

3. Preocupações éticas e com preconceitos: Os modelos económicos baseados na IA podem, inadvertidamente, perpetuar ou mesmo exacerbar os preconceitos existentes nos dados. Por exemplo, se os dados de treino reflectirem desigualdades ou discriminações históricas, o modelo de IA pode aprender e reproduzir esses preconceitos, conduzindo a resultados injustos ou tendenciosos. Abordar as preocupações éticas e garantir a equidade nos modelos de IA é um desafio significativo. Para tal, são necessários testes rigorosos, validação e a implementação de algoritmos conscientes da equidade.

4. Dependência da tecnologia e dos conhecimentos especializados: O desenvolvimento e a implantação de modelos económicos baseados na IA exigem infra-estruturas tecnológicas e conhecimentos especializados significativos. Muitas instituições, especialmente nas regiões em desenvolvimento, podem não dispor dos recursos necessários e de pessoal qualificado para aplicar a IA de forma eficaz. Esta dependência tecnológica pode criar disparidades na adoção e nos benefícios dos modelos de IA, aumentando potencialmente o fosso económico entre diferentes regiões ou países.

5. Desafios regulamentares e políticos: A integração da IA na modelação económica levanta vários desafios regulamentares e políticos. São necessários quadros que regulem a utilização ética da IA, protejam a privacidade dos dados e garantam a responsabilização nas decisões baseadas na IA. O desenvolvimento e a aplicação de tais regulamentos é uma tarefa complexa, que exige a coordenação entre várias partes interessadas, incluindo governos, instituições e o sector privado. Equilibrar a inovação com a regulamentação é crucial para aproveitar os benefícios da IA e, ao mesmo tempo, mitigar os seus riscos.

6. Excesso de confiança e supervisão humana: Embora os modelos de IA ofereçam capacidades melhoradas, a dependência excessiva destes modelos sem uma supervisão humana adequada pode ser problemática. Os sistemas de IA podem cometer erros e as suas previsões são tão boas quanto os dados e os algoritmos que os alimentam. Os economistas humanos e os decisores políticos têm de avaliar criticamente os resultados da IA e integrá-los com os seus conhecimentos e juízos. Para uma gestão económica eficaz, é essencial garantir uma abordagem equilibrada em que a IA apoie, mas não substitua, a tomada de decisões humana.

CAPÍTULO 3

Economia do trabalho e IA

Jyoti Kataria

Escola de Engenharia e Tecnologia

K. R. Mangalam University, Gurugram, Haryana, Índia

Gaurav Kansal

Escola de Engenharia

ABES(IT), Ghaziabad, Uttar Pradesh, Índia

Introdução

A Inteligência Artificial (IA) surgiu como uma força transformadora em vários sectores, remodelando o mercado de trabalho e influenciando as tendências de emprego de formas sem precedentes. Embora a IA prometa ganhos de eficiência significativos e novas oportunidades, também traz desafios que precisam de ser cuidadosamente geridos.

Automatização e deslocação de postos de trabalho

Um dos impactos mais imediatos e visíveis da IA é a automatização de tarefas que anteriormente eram executadas por humanos. As máquinas e os algoritmos são cada vez mais capazes de realizar tarefas rotineiras, repetitivas e mesmo complexas em todos os sectores. Por exemplo, na indústria transformadora, os robots podem montar produtos com maior precisão e rapidez do que os trabalhadores humanos. Do mesmo modo, no sector dos serviços, os chatbots e os assistentes virtuais tratam dos pedidos de informação dos clientes, reduzindo a necessidade de representantes humanos no serviço de apoio ao cliente.

Esta automatização conduz à deslocação de postos de trabalho, especialmente em funções que envolvem tarefas repetitivas e previsíveis. O "Future of Jobs Report" do Fórum Económico Mundial sugere que milhões de postos de trabalho poderão ser deslocados pela IA e pela automação até 2025. Os empregos na indústria transformadora, no comércio a retalho e no apoio administrativo são particularmente vulneráveis. No entanto, enquanto alguns empregos estão a ser automatizados, a procura de outras funções está simultaneamente a aumentar, em especial as que exigem competências técnicas avançadas e capacidades centradas no ser humano.

Criação de novos empregos e indústrias

Apesar dos receios de um desemprego generalizado, a IA está também a criar novas oportunidades de emprego e até indústrias inteiras. À medida que os sistemas de IA se tornam mais prevalecentes, há uma procura crescente de profissionais que possam desenvolver, implementar e manter estas tecnologias. Os empregos na investigação em IA, na engenharia de aprendizagem automática, na ciência dos dados e na ética da IA estão a crescer rapidamente. Estas funções requerem educação e formação avançadas, o que realça a importância de melhorar e requalificar a mão de obra.

Além disso, a IA está a permitir a criação de novas indústrias e modelos de negócio. Por exemplo, o surgimento de plataformas orientadas para a IA facilitou a economia gig, em que os freelancers oferecem serviços especializados numa base flexível. A IA está também a impulsionar a inovação em sectores como os cuidados de saúde, onde ajuda nos diagnósticos médicos e nos planos de tratamento personalizados, e nas finanças, onde melhora a avaliação dos riscos e a deteção de fraudes.

Alteração dos requisitos de competências

À medida que a IA transforma o panorama profissional, as competências exigidas pelos empregadores estão a evoluir. Há uma ênfase crescente na literacia digital, na codificação e nas competências de análise de dados. Os trabalhadores proficientes nestas áreas estão mais bem posicionados para prosperar numa economia impulsionada pela IA. Além disso, à medida que as tarefas de rotina se tornam automatizadas, as competências exclusivamente humanas, como a criatividade, a resolução de problemas e a inteligência emocional, estão a tornar-se mais valiosas.

Os estabelecimentos de ensino e os programas de formação estão a centrar-se cada vez mais nestas competências para preparar a mão de obra para o futuro. A aprendizagem ao longo da vida e o desenvolvimento profissional contínuo estão a tornar-se essenciais, uma vez que os trabalhadores precisam de se adaptar a ambientes tecnológicos em rápida mudança. Os governos e as organizações estão a investir em iniciativas de requalificação para ajudar os trabalhadores a transitar de funções deslocadas para novas oportunidades criadas pela IA.

Impacto nos diferentes sectores

O impacto da IA nos mercados de trabalho varia significativamente entre os diferentes sectores. Na indústria transformadora, a IA e a robótica estão a conduzir à automatização das linhas de montagem, reduzindo a necessidade de mão de obra humana, mas aumentando a procura de engenheiros e técnicos que possam gerir e manter sistemas automatizados. No sector dos serviços, a IA está a transformar o serviço ao cliente, a logística e o retalho através de chatbots, armazéns automatizados e marketing personalizado.

Nos cuidados de saúde, a IA está a aumentar as capacidades dos médicos e dos enfermeiros, melhorando a precisão dos diagnósticos e os cuidados prestados aos doentes. No entanto, isto também exige que os profissionais de saúde sejam proficientes na utilização de ferramentas de IA. Nas finanças, a IA está a aumentar a eficiência na negociação, na gestão do risco e no serviço ao cliente, criando novas funções na fintech e na cibersegurança.

Impactos regionais e demográficos

O impacto da IA nos mercados de trabalho não é uniforme entre regiões e demografias. As economias desenvolvidas, com as suas infra-estruturas tecnológicas avançadas e níveis mais elevados de literacia digital, estão mais bem posicionadas para tirar partido da IA para o crescimento económico e a criação de emprego. Em contrapartida, as economias em desenvolvimento podem enfrentar maiores desafios devido à falta de infra-estruturas, competências e recursos para adotar e integrar as tecnologias de IA.

Do ponto de vista demográfico, os trabalhadores mais jovens, mais adaptáveis e conhecedores da tecnologia, podem beneficiar mais das oportunidades criadas pela IA. Por outro lado, os trabalhadores mais velhos e os que têm empregos pouco qualificados são mais vulneráveis à deslocação. Esta disparidade sublinha a necessidade de políticas e programas direccionados para apoiar os grupos vulneráveis e garantir uma transição inclusiva para uma economia impulsionada pela IA.

Considerações políticas e éticas

O impacto transformador da IA nos mercados de trabalho exige medidas políticas proactivas para gerir a transição e atenuar os efeitos negativos. Os governos, as empresas e as instituições de ensino devem colaborar para desenvolver estratégias abrangentes que promovam a adaptabilidade da força de trabalho, protejam os trabalhadores deslocados e garantam um acesso equitativo a novas oportunidades.

As políticas devem centrar-se no investimento em programas de educação e formação que dotem os trabalhadores das competências necessárias numa economia orientada para a IA. As redes de segurança social, como os subsídios de desemprego e de reconversão profissional, são essenciais para apoiar os trabalhadores durante os períodos de transição. Além disso, as considerações éticas relativas à utilização da IA, como a equidade, a transparência e a responsabilidade, devem ser abordadas para evitar preconceitos e discriminação no local de trabalho.

Requisitos de competências e adaptação da mão de obra

À medida que a inteligência artificial (IA) se torna uma parte integrante da economia moderna, o seu impacto nos mercados de trabalho e na dinâmica da força de trabalho é profundo. Compreender os requisitos de competências e as estratégias de adaptação da mão de obra é crucial para navegar nesta era transformadora.

Evolução do cenário de competências

A integração da IA em vários sectores está a remodelar as competências que são procuradas. As funções tradicionais estão a evoluir e estão a surgir novas categorias profissionais, exigindo que os trabalhadores se adaptem a um ambiente em rápida mudança. As principais áreas em que as competências estão a evoluir incluem:

Competências técnicas: Os conhecimentos de algoritmos de IA e de aprendizagem automática, de ciência dos dados e de linguagens de programação como Python e R estão a tornar-se essenciais. A proficiência na utilização de ferramentas e plataformas de IA é cada vez mais importante em vários sectores.

Literacia de dados: A capacidade de compreender, interpretar e utilizar dados é crucial. Os trabalhadores precisam de ser hábeis na análise e visualização de dados e na tomada de decisões baseadas em dados.

Competências em matéria de cibersegurança: À medida que os sistemas de IA tratam grandes quantidades de dados, aumenta a necessidade de medidas robustas de cibersegurança. As competências em cibersegurança são vitais para proteger as informações sensíveis contra violações e ataques.

Compreensão da ética e da política da IA: Compreender as implicações éticas e os enquadramentos políticos em torno da IA é importante para garantir uma implementação responsável da IA. Isto inclui o conhecimento de preconceitos na IA, preocupações com a privacidade e conformidade regulamentar.

Aprendizagem contínua e atualização de competências

Numa economia impulsionada pela IA, o ritmo da mudança tecnológica exige um compromisso com a aprendizagem contínua e a melhoria das competências. Os trabalhadores devem empenhar-se na aprendizagem ao longo da vida para se manterem relevantes e competitivos. As estratégias para a aprendizagem contínua incluem:

Cursos e certificações online: Numerosas plataformas em linha oferecem cursos de IA, aprendizagem automática, ciência dos dados e domínios conexos. Os trabalhadores podem obter certificações que validam as suas competências e conhecimentos.

Workshops e Bootcamps: os programas de formação intensiva proporcionam experiência prática e conhecimentos práticos. Os bootcamps centrados na programação, na ciência dos dados e na IA podem dotar rapidamente as pessoas das competências necessárias.

Programas de ensino superior: As universidades e faculdades estão a expandir os seus currículos para incluir programas de IA e ciência de dados. Graus avançados e cursos especializados oferecem conhecimento aprofundado e oportunidades de pesquisa.

Programas de formação empresarial: Os empregadores estão a investir em programas de formação para melhorar as competências da sua força de trabalho. Sessões de formação e workshops personalizados ajudam os funcionários a adquirir novas competências que se alinham com os objectivos organizacionais.

Importância das competências transversais

Embora as competências técnicas sejam fundamentais, a importância das competências transversais num mundo orientado para a IA não pode ser exagerada. A IA pode automatizar muitas tarefas de rotina, mas as competências centradas no ser humano continuam a ser insubstituíveis. As principais competências transversais incluem:

Pensamento crítico e resolução de problemas: A capacidade de analisar problemas complexos, pensar criticamente e conceber soluções inovadoras é crucial. As ferramentas de IA podem ajudar, mas a perspicácia e a criatividade humanas impulsionam a resolução eficaz de problemas.

Competências de comunicação: Uma comunicação clara e eficaz é essencial para colaborar com as equipas, explicar conceitos técnicos a intervenientes não técnicos e influenciar os processos de tomada de decisão.

Adaptabilidade e resiliência: A capacidade de se adaptar à mudança, de adotar novas tecnologias e de se manter resiliente face à incerteza é vital.

Os trabalhadores devem estar abertos à aprendizagem contínua e adaptar-se a novas funções e responsabilidades.

Colaboração e trabalho de equipa: Os projectos de IA exigem frequentemente uma colaboração interdisciplinar. Trabalhar eficazmente em equipa, partilhar conhecimentos e tirar partido de perspectivas diversas aumenta o sucesso das iniciativas de IA.

O papel da política e da educação

A adaptação da mão de obra a uma economia impulsionada pela IA exige políticas de apoio e uma reforma do sistema educativo. Os governos, as instituições de ensino e os líderes da indústria devem colaborar para criar um ecossistema que promova o desenvolvimento de competências e a preparação da força de trabalho. As principais iniciativas políticas e educativas incluem:

Reforma curricular: As instituições de ensino devem atualizar os currículos de modo a incluir a IA, a ciência dos dados e assuntos relacionados desde uma fase inicial. A integração destes tópicos no ensino primário, secundário e superior garante que as gerações futuras estejam preparadas para carreiras centradas na IA.

Parcerias público-privadas: A colaboração entre os sectores público e privado pode colmatar o défice de competências. Os líderes da indústria podem fornecer informações sobre as tendências emergentes, enquanto as instituições de ensino podem adaptar os programas para satisfazer as exigências da indústria.

Incentivos e apoios governamentais: Os governos podem oferecer incentivos para que as empresas invistam na formação e desenvolvimento da força de trabalho. Subsídios, reduções fiscais e financiamento de programas de formação encorajam as organizações a melhorar as competências dos seus empregados.

Programas de aprendizagem ao longo da vida: O estabelecimento de programas acessíveis de aprendizagem ao longo da vida garante que os trabalhadores possam atualizar continuamente as suas competências. Cursos subsidiados, plataformas de aprendizagem online e centros educativos comunitários disponibilizam oportunidades de aprendizagem a um público mais vasto.

Aconselhamento e orientação profissional: Fornecer aconselhamento e orientação de carreira ajuda as pessoas a navegar nos seus percursos profissionais numa economia orientada para a IA. O aconselhamento sobre as competências mais relevantes, as oportunidades de emprego e os programas de formação apoia decisões de carreira informadas.

Gestão de recursos humanos: Tirar partido da IA para a aquisição de talentos

No panorama acelerado da atividade empresarial contemporânea, o papel da Gestão de Recursos Humanos (GRH) sofreu uma mudança de paradigma. Tradicionalmente confinada a tarefas administrativas e ao bem-estar dos trabalhadores, a GRH evoluiu para uma função estratégica fundamental para o sucesso organizacional. No centro desta evolução está a integração da Inteligência Artificial (IA) nas práticas de GRH, revolucionando os processos de aquisição e gestão de talentos.

A aquisição de talentos baseada em IA representa uma mudança sísmica em relação às metodologias de recrutamento convencionais. Longe vão os dias da triagem manual de currículos e dos tediosos processos de entrevista. Os algoritmos de IA simplificam o sourcing, a triagem e a seleção de candidatos, reduzindo significativamente o tempo de contratação e melhorando a qualidade das contratações. Uma das aplicações mais notáveis da IA na aquisição de talentos é a utilização de sistemas de rastreio de candidatos (ATS). Estes sistemas utilizam algoritmos de aprendizagem automática para analisar currículos, identificar competências e experiências relevantes e classificar os candidatos com base em critérios predefinidos. Ao automatizar o processo de seleção inicial, os ATS permitem que os profissionais de RH concentrem o seu tempo e esforço no contacto com candidatos de topo, melhorando assim a experiência global de recrutamento tanto para os candidatos como para os empregadores.

Além disso, os chatbots alimentados por IA revolucionaram o envolvimento e a comunicação dos candidatos. Estes assistentes virtuais, integrados nos sites das empresas ou nas plataformas de mensagens, prestam assistência em tempo real aos candidatos a emprego, respondendo a questões, agendando entrevistas e até realizando avaliações preliminares. Ao oferecerem apoio instantâneo e interação personalizada, os chatbots melhoram a experiência dos candidatos, conduzindo a taxas de envolvimento e retenção mais elevadas. Além disso, os chatbots podem recolher dados valiosos sobre as preferências e comportamentos dos candidatos, permitindo aos profissionais de RH afinar as suas estratégias de recrutamento e melhorar os resultados.

Para além do recrutamento, a IA desempenha um papel fundamental na avaliação de talentos e na análise preditiva. Os métodos tradicionais de avaliação da adequação dos candidatos baseiam-se frequentemente em juízos subjectivos e em pontos de dados limitados. Em contrapartida, as ferramentas de avaliação baseadas em IA utilizam análises avançadas e testes psicométricos para avaliar as capacidades cognitivas, os traços de personalidade e a adequação cultural dos candidatos. Ao analisar grandes conjuntos de dados e identificar padrões, estas ferramentas fornecem informações mais profundas sobre o potencial e o desempenho dos candidatos, permitindo que as organizações tomem decisões de contratação mais informadas. Além disso, a análise preditiva pode prever as necessidades futuras de talentos, identificar lacunas de competências e desenvolver estratégias proactivas para o desenvolvimento de talentos e o planeamento da sucessão.

No entanto, apesar dos seus inúmeros benefícios, a integração da IA na aquisição de talentos não está isenta de desafios. Uma das principais preocupações é o potencial de preconceito e discriminação algorítmica. Os sistemas de IA aprendem com dados históricos, que podem refletir preconceitos inerentes presentes na sociedade ou nas práticas organizacionais. Como resultado, existe o risco de perpetuar desigualdades sistémicas nos processos de recrutamento e seleção. Para abordar esta questão, os profissionais de RH devem garantir a transparência e a responsabilidade nos algoritmos de IA, auditando e actualizando-os regularmente para mitigar o enviesamento e promover a equidade.

Além disso, a adoção generalizada da IA na aquisição de talentos suscita preocupações éticas em matéria de privacidade e segurança dos dados. Os algoritmos de IA dependem de grandes quantidades de informação sensível, incluindo dados pessoais e profissionais dos candidatos a emprego. A proteção destes dados contra o acesso não autorizado e a utilização indevida é fundamental para manter a confiança e a integridade no processo de recrutamento. Os departamentos de RH devem implementar medidas robustas de proteção de dados, cumprir os regulamentos relevantes, como o RGPD, e estabelecer directrizes claras para a utilização e retenção de dados.

Olhando para o futuro, o futuro da IA na aquisição de talentos é imensamente promissor e potencial. À medida que as tecnologias de IA continuam a avançar, podemos esperar uma maior automatização e otimização dos processos de recrutamento. A realidade virtual (RV) e a realidade aumentada (RA) estão preparadas para revolucionar a avaliação e a integração de candidatos, proporcionando experiências imersivas que simulam cenários do mundo real. Além disso, a análise de talentos orientada por IA permitirá que as organizações criem pipelines de talentos dinâmicos, identificando e nutrindo candidatos de alto potencial para funções futuras. Além disso, o aumento das plataformas de economia gig e dos acordos de trabalho remoto exigirá abordagens inovadoras para a obtenção e gestão de talentos, onde a IA desempenhará um papel central na correspondência de competências com oportunidades em tempo real.

Implicações políticas: Educação e formação para uma economia baseada na IA

À medida que a inteligência artificial (IA) continua a permear várias indústrias, o seu impacto transformador na economia exige respostas políticas proactivas, particularmente no domínio da educação e da formação. A rápida evolução das tecnologias de IA está a remodelar os requisitos de emprego e os conjuntos de competências, o que leva à necessidade de uma força de trabalho que seja capaz de tirar partido das ferramentas e técnicas de IA. Neste contexto, os decisores políticos enfrentam a tarefa crítica de conceber e implementar estratégias eficazes para preparar os indivíduos para uma economia impulsionada pela IA.

O advento das tecnologias de IA traz oportunidades e desafios para o mercado de trabalho. Por um lado, a IA tem o potencial de automatizar tarefas de rotina, aumentando a produtividade e a eficiência em todos os sectores. Por outro lado, também representa uma ameaça para os empregos que são susceptíveis de automatização, levando a preocupações sobre a deslocação de empregos e a obsolescência de competências. Em resposta a estes desafios, os decisores políticos devem dar prioridade aos investimentos na educação e na formação, a fim de dotar os trabalhadores das competências necessárias para prosperar numa força de trabalho assente na IA.

Uma das principais implicações políticas é a necessidade de uma abordagem global da educação que integre a literacia em IA nos currículos a todos os níveis. Isto inclui não só as competências técnicas relacionadas com a programação e a análise de dados, mas também o pensamento crítico, a resolução de problemas e as considerações éticas no desenvolvimento e na implantação da IA. Ao promoverem uma cultura de literacia em IA desde tenra idade, as instituições de ensino podem preparar os estudantes para se envolverem com as tecnologias de IA de forma responsável e eficaz.

Além disso, os decisores políticos devem abordar a questão das lacunas de competências, investindo em programas de formação específicos para indivíduos cujos empregos estão em risco de automatização. Isto inclui iniciativas como estágios, formação profissional e programas de educação de adultos que oferecem oportunidades aos trabalhadores para adquirirem novas competências ou fazerem a transição para profissões emergentes. Ao facilitar o acesso a oportunidades de aprendizagem ao longo da vida, os decisores políticos podem garantir que os trabalhadores se mantêm adaptáveis e resistentes face às mudanças tecnológicas.

Além disso, a integração da IA na força de trabalho exige uma mudança para a aprendizagem contínua e o desenvolvimento profissional. Os modelos tradicionais de educação, que dão ênfase a diplomas e credenciais formais, podem já não ser suficientes numa economia em rápida evolução. Em vez disso, os decisores políticos devem promover vias alternativas para a aquisição de competências, como cursos em linha, microcredenciais e certificações da indústria, que permitam aos indivíduos adquirir competências relevantes a pedido e ao seu próprio ritmo.

Para além de abordar o défice de competências, os decisores políticos devem também considerar as implicações sociais mais amplas da adoção da IA, particularmente em termos de equidade e inclusão. O acesso a oportunidades de educação e formação de qualidade não está distribuído de forma homogénea, com as comunidades marginalizadas a enfrentarem frequentemente barreiras à participação. Por conseguinte, os decisores políticos devem dar prioridade aos esforços para garantir que todos os indivíduos, independentemente da sua origem ou estatuto socioeconómico, tenham acesso aos recursos e ao apoio necessários para serem bem sucedidos numa economia impulsionada pela IA.

Além disso, os decisores políticos devem colaborar com as partes interessadas do sector para identificar as necessidades emergentes em termos de competências e desenvolver programas de formação adequados. Isto inclui a promoção de parcerias entre instituições de ensino, empregadores e agências governamentais para alinhar os currículos com as exigências da indústria e promover experiências de aprendizagem baseadas no trabalho. Ao facilitar uma colaboração mais estreita entre o meio académico e a indústria, os decisores políticos podem garantir que os programas educativos se mantêm relevantes e respondem às necessidades em evolução do mercado de trabalho.

Além disso, os decisores políticos devem abordar as implicações éticas e sociais da adoção da IA através de iniciativas de educação e sensibilização. Isto inclui a promoção de princípios éticos de IA, como a transparência, a responsabilidade e a justiça, e a educação do público sobre os potenciais riscos e desafios associados às tecnologias de IA. Ao fomentar uma cultura de utilização responsável da IA, os decisores políticos podem atenuar as consequências negativas da adoção da IA e promover a confiança nos sistemas orientados para a IA.

CAPÍTULO 4

IA nos mercados financeiros

Sudesh Singh

Departamento de Informática

NIET, Greater Noida, Uttar Pradesh, Índia

Jyoti Kataria

Escola de Engenharia e Tecnologia

K. R. Mangalam University, Gurugram, Haryana, Índia

Introdução

A Inteligência Artificial (IA) revolucionou várias indústrias, e o sector financeiro não é exceção. Nos últimos anos, os algoritmos alimentados por IA têm desempenhado um papel cada vez mais significativo na análise e negociação do mercado de acções. Estes sistemas sofisticados tiram partido de grandes quantidades de dados, modelos estatísticos avançados e técnicas de aprendizagem automática para extrair informações valiosas, prever tendências de mercado e executar transacções com precisão. A integração da IA na análise e negociação do mercado de acções não só melhorou a eficiência e a precisão dos processos de tomada de decisões, como também transformou a dinâmica dos mercados financeiros.

Um dos principais contributos da IA para a análise do mercado de acções é a sua capacidade de processar e analisar enormes volumes de dados a uma velocidade sem precedentes. Os métodos tradicionais de análise do mercado baseavam-se frequentemente na interpretação manual de relatórios financeiros, notícias do mercado e indicadores económicos. No entanto, com o advento da IA, as instituições financeiras podem agora aproveitar o poder dos grandes volumes de dados para obter uma visão mais profunda da dinâmica do mercado. Os algoritmos de IA podem analisar diversos conjuntos de dados, incluindo movimentos históricos de preços, volumes de negociação, fundamentos da empresa, sentimento noticioso, tendências das redes sociais e indicadores macroeconómicos, entre outros. Ao analisar estes vastos conjuntos de dados, os sistemas de IA podem identificar padrões, correlações e anomalias que podem não ser evidentes para os analistas humanos.

Além disso, os algoritmos alimentados por IA são excelentes em termos de modelação preditiva, permitindo aos comerciantes prever futuros movimentos de preços com um elevado grau de precisão. As técnicas de aprendizagem automática, como a aprendizagem profunda e as redes neuronais, podem identificar padrões complexos em dados históricos e extrapolá-los para fazer previsões sobre o comportamento futuro do mercado. Estes modelos preditivos podem ajudar os investidores a tomar decisões informadas sobre quando comprar, vender ou manter títulos específicos. Além disso, os algoritmos de IA podem identificar oportunidades de negociação e executar transacções automaticamente, muitas vezes em milissegundos, capitalizando assim as ineficiências fugazes do mercado que podem passar despercebidas aos operadores humanos.

Além disso, a IA contribuiu significativamente para o desenvolvimento de estratégias de negociação algorítmicas, também conhecidas como negociação quantitativa ou negociação "quant". A negociação algorítmica baseia-se em regras e critérios pré-definidos para executar transacções automaticamente, sem intervenção humana. Os algoritmos de IA podem conceber estratégias de negociação sofisticadas que optimizam os rendimentos ajustados ao risco com base em vários factores, incluindo as condições de mercado, a volatilidade e a liquidez. Estes algoritmos podem analisar dados de mercado em tempo real, identificar sinais de negociação e executar transacções a preços e volumes ideais. Consequentemente, a negociação algorítmica tornou-se cada vez mais predominante nos mercados financeiros, representando uma parte significativa do volume de negociação em várias classes de activos.

Para além de melhorar as estratégias de negociação, a IA também melhorou as práticas de gestão do risco no sector financeiro. Os algoritmos de IA podem avaliar a exposição ao risco das carteiras, identificar potenciais ameaças e implementar estratégias de cobertura para atenuar os riscos negativos. Ao monitorizar continuamente as condições de mercado e o desempenho das carteiras, os sistemas de gestão do risco alimentados por IA podem fornecer alertas e recomendações atempadas aos operadores e gestores de carteiras. Esta abordagem proactiva à gestão do risco permite às instituições financeiras salvaguardar os seus investimentos e preservar o capital em ambientes de mercado voláteis.

Além disso, a IA democratizou o acesso aos mercados financeiros, capacitando os investidores de retalho com ferramentas e análises de negociação avançadas. As plataformas de negociação de retalho equipadas com funcionalidades baseadas em IA permitem aos investidores individuais analisar dados de mercado, executar transacções e gerir as suas carteiras de forma mais eficaz. Estas plataformas incorporam frequentemente robo-consultores alimentados por IA que oferecem recomendações de investimento personalizadas com base nas preferências de risco, objectivos financeiros e perspectivas de mercado dos investidores. Além disso, as ferramentas de análise de sentimento baseadas em IA podem avaliar o sentimento do mercado através da análise de feeds de redes sociais, artigos de notícias e discussões online, fornecendo aos investidores de retalho informações valiosas sobre o sentimento e as tendências do mercado.

Apesar dos inúmeros benefícios da IA na análise e negociação do mercado de acções, é essencial reconhecer os desafios e riscos associados. Uma das principais preocupações é o potencial de enviesamento algorítmico e de erros sistemáticos nos modelos de IA, que podem conduzir a decisões de negociação erróneas e a perturbações do mercado. Além disso, a crescente dependência de estratégias de negociação baseadas em IA suscitou preocupações quanto à liquidez do mercado, à volatilidade e aos riscos sistémicos, em especial durante períodos de tensão do mercado. Além disso, a proliferação de algoritmos de negociação alimentados por IA intensificou a concorrência nos mercados financeiros, potencialmente exacerbando a fragmentação do mercado e as distorções de preços.

Estratégias de investimento baseadas em IA e gestão de carteiras

No panorama financeiro em constante evolução, a integração da inteligência artificial (IA) revolucionou as estratégias de investimento e a gestão de carteiras. As estratégias de investimento baseadas em IA utilizam algoritmos avançados e técnicas de aprendizagem automática para analisar grandes quantidades de dados, identificar padrões e tomar decisões baseadas em dados em tempo real. Esta abordagem transformadora permitiu aos investidores optimizarem as suas carteiras, mitigarem os riscos e obterem retornos superiores.

Uma das principais vantagens das estratégias de investimento baseadas em IA é a sua capacidade de processar e analisar conjuntos de dados maciços com uma velocidade e precisão sem paralelo. A análise de investimento tradicional baseia-se frequentemente na experiência e intuição humanas, que podem ser limitadas por enviesamentos cognitivos e sobrecarga de informação. Por outro lado, os algoritmos de IA podem analisar terabytes de dados financeiros, incluindo preços de mercado, dados financeiros das empresas, sentimento noticioso e indicadores macroeconómicos, para descobrir informações ocultas e oportunidades de investimento.

Os algoritmos de aprendizagem automática, um subconjunto da IA, desempenham um papel central no desenvolvimento de modelos preditivos para estratégias de investimento. Estes algoritmos podem aprender com dados históricos para identificar padrões e correlações que são indicativos de futuros movimentos do mercado. Por exemplo, os algoritmos de aprendizagem supervisionada podem ser treinados com base em dados de mercado anteriores para prever os movimentos dos preços das acções, enquanto os algoritmos de aprendizagem não supervisionada podem revelar estruturas ocultas nos mercados financeiros.

Uma das técnicas de IA mais amplamente adoptadas na gestão de investimentos é a negociação quantitativa, também conhecida como negociação algorítmica ou negociação "quant". As estratégias de negociação quantitativa utilizam modelos matemáticos e técnicas estatísticas para executar transacções automaticamente com base em critérios predefinidos. Estas estratégias podem ir de simples algoritmos de acompanhamento de tendências a sofisticadas estratégias de arbitragem que exploram as ineficiências dos mercados financeiros.

Outra área em que a IA está a transformar a gestão de investimentos é a otimização de carteiras. A gestão tradicional de carteiras envolve a seleção de uma combinação de activos que equilibram o risco e o retorno com base em dados históricos e análises qualitativas. No entanto, a otimização de carteiras baseada em IA vai além dos métodos tradicionais, incorporando algoritmos de otimização avançados e técnicas de gestão do risco.

Um dos principais desafios na gestão de carteiras é a gestão eficaz do risco. Os algoritmos de IA podem avaliar o perfil de risco-rendimento de activos individuais e otimizar as afectações de carteiras para atingir objectivos de risco específicos. Além disso, as técnicas de gestão do risco baseadas na IA podem ajustar dinamicamente as afectações das carteiras em resposta a condições de mercado em mudança, ajudando os investidores a navegar em ambientes de mercado voláteis.

Além disso, os sistemas de negociação alimentados por IA podem executar transacções com a velocidade e a precisão de um relâmpago, permitindo aos investidores capitalizar oportunidades de mercado fugazes e evitar movimentos de preços adversos. Os algoritmos de negociação de alta frequência (HFT), um subconjunto de estratégias de negociação baseadas em IA, podem executar milhares de transacções por segundo, explorando pequenas discrepâncias de preços em diferentes mercados.

Apesar das inúmeras vantagens das estratégias de investimento baseadas em IA, há também desafios e limitações a considerar. Uma preocupação é o potencial de sobreajuste, em que os algoritmos de IA têm um bom desempenho em dados históricos, mas não conseguem generalizar para novas condições de mercado. Para mitigar este risco, é essencial validar rigorosamente os modelos de IA utilizando dados fora da amostra e técnicas de teste de stress.

Outro desafio é a interpretabilidade dos modelos de IA, em especial nos algoritmos complexos de aprendizagem profunda. Embora os algoritmos de IA possam descobrir padrões intrincados nos dados financeiros, a compreensão da lógica subjacente às suas decisões continua a ser um desafio significativo. As técnicas de IA explicável (XAI) têm como objetivo resolver esta questão, fornecendo explicações interpretáveis para as decisões de investimento baseadas em IA.

Além disso, a proliferação de estratégias de investimento baseadas em IA suscitou preocupações quanto à estabilidade do mercado e ao risco sistémico. A rápida adoção de algoritmos de IA nos mercados financeiros poderá amplificar a dinâmica do mercado e conduzir a uma maior correlação entre diferentes activos. Além disso, a dependência de sistemas de negociação baseados em IA poderia exacerbar os colapsos do mercado e exacerbar a volatilidade.

As estratégias de investimento baseadas em IA transformaram o panorama da gestão de carteiras, oferecendo oportunidades sem precedentes para os investidores optimizarem as suas carteiras e obterem retornos superiores. Ao aproveitar algoritmos avançados e técnicas de aprendizado de máquina, os investidores podem analisar grandes quantidades de dados, identificar padrões e tomar decisões baseadas em dados em tempo real. No entanto, é essencial reconhecer os desafios e as limitações das estratégias de investimento baseadas em IA, incluindo o risco de sobreajuste, problemas de interpretabilidade e riscos sistémicos. Apesar destes desafios, as estratégias de investimento baseadas em IA têm um enorme potencial para revolucionar a forma como os investidores gerem as suas carteiras e navegam nas complexidades dos mercados financeiros.

Inteligência artificial para a gestão do risco e a deteção de fraudes

No domínio da gestão do risco e da deteção de fraudes, a integração da inteligência artificial (IA) surgiu como um fator de mudança, revolucionando as abordagens tradicionais e melhorando significativamente a eficácia da deteção e mitigação dos riscos. Como as empresas operam num ambiente cada vez mais complexo e dinâmico, a necessidade de estratégias proactivas de gestão do risco torna-se primordial para salvaguardar os activos, a reputação e a confiança das partes interessadas. Neste contexto, a IA oferece capacidades sem paralelo na análise de grandes volumes de dados, na identificação de padrões e na previsão de potenciais riscos ou actividades fraudulentas com uma precisão e velocidade sem precedentes.

Os métodos tradicionais de gestão de riscos e de deteção de fraudes assentam frequentemente em sistemas baseados em regras e na intervenção manual, o que pode ser moroso, trabalhoso e propenso a erros humanos. Além disso, estas abordagens convencionais podem ter dificuldade em acompanhar a natureza evolutiva dos riscos e os esquemas fraudulentos sofisticados que prevalecem no panorama digital atual. A IA, alimentada por algoritmos avançados e técnicas de aprendizagem automática, resolve estas limitações automatizando processos, detectando anomalias e adaptando-se a ameaças emergentes em tempo real.

Uma das principais aplicações da IA na gestão do risco é a análise preditiva, em que os algoritmos de aprendizagem automática analisam dados históricos para identificar padrões e tendências que possam indicar potenciais riscos ou actividades fraudulentas. Ao tirar partido de vastos conjuntos de dados que abrangem registos transaccionais, comportamento dos clientes, tendências de mercado e factores externos, os modelos de IA podem detetar anomalias e desvios dos padrões esperados, sinalizando actividades suspeitas para investigação adicional. Estas capacidades de previsão permitem às organizações antecipar e mitigar os riscos antes que estes se transformem em perdas significativas ou danos para a reputação.

Além disso, os sistemas de gestão de risco baseados em IA destacam-se pela sua capacidade de aprender e evoluir continuamente com base em novos dados e ciclos de feedback. Através do treino e refinamento iterativo de modelos, os algoritmos de IA melhoram a sua precisão de previsão ao longo do tempo, adaptando-se às condições de mercado em mudança, às ameaças emergentes e à evolução das tácticas de fraude. Esta abordagem dinâmica e adaptativa permite que as organizações se mantenham à frente da curva na identificação e mitigação de riscos, minimizando efetivamente as potenciais perdas e vulnerabilidades.

A deteção de fraudes representa outra área crítica em que as tecnologias de IA oferecem vantagens significativas em relação aos métodos tradicionais. Em contraste com os sistemas baseados em regras que se baseiam em critérios predefinidos para assinalar actividades suspeitas, os sistemas de deteção de fraudes alimentados por IA utilizam algoritmos de aprendizagem automática para detetar desvios subtis e anomalias indicativas de comportamento fraudulento. Estes algoritmos podem analisar diversas fontes de dados, incluindo dados transaccionais, interacções de utilizadores, tráfego de rede e leituras de sensores, para identificar padrões associados a esquemas de fraude conhecidos ou actividades fraudulentas nunca antes vistas.

Além disso, a IA permite a integração de técnicas avançadas, como a deteção de anomalias, a análise de redes e o processamento de linguagem natural (PNL), para descobrir esquemas de fraude complexos e sofisticados que podem escapar à deteção por métodos convencionais. Por exemplo, os algoritmos de deteção de anomalias podem identificar padrões invulgares ou valores atípicos em dados transaccionais que podem indicar actividades fraudulentas, enquanto as técnicas de análise de redes podem revelar ligações e relações ocultas entre entidades aparentemente não relacionadas envolvidas em esquemas fraudulentos. Além disso, os algoritmos de PNL podem analisar dados textuais de várias fontes, como mensagens de correio eletrónico, transcrições de conversas e publicações em redes sociais, para identificar comunicações fraudulentas ou tentativas de phishing.

A integração da IA na deteção de fraudes também facilita a automatização dos processos de tomada de decisão, permitindo respostas em tempo real a anomalias detectadas ou actividades suspeitas. Ao utilizar regras predefinidas e modelos de aprendizagem automática, os sistemas de IA podem avaliar autonomamente o nível de risco associado a transacções ou eventos assinalados e tomar as medidas adequadas, como bloquear transacções, assinalar contas para análise posterior ou alertar os investigadores de fraudes. Esta abordagem proactiva e automatizada não só acelera os tempos de resposta, como também reduz a dependência da intervenção manual, permitindo às organizações escalar as suas capacidades de deteção de fraude de forma eficiente.

Além disso, as tecnologias de IA permitem às organizações aumentar a precisão da deteção de fraudes, minimizando os falsos positivos, optimizando assim a atribuição de recursos e reduzindo os custos operacionais. Ao analisar grandes quantidades de dados e identificar padrões subtis indicativos de comportamento fraudulento, os algoritmos de IA podem dar prioridade aos alertas com base na sua probabilidade de serem casos de fraude genuínos, permitindo que os investigadores de fraude concentrem os seus esforços em transacções ou actividades de alto risco. Além disso, os sistemas de deteção de fraudes baseados em IA podem aprender continuamente com o feedback e aperfeiçoar os seus modelos para se adaptarem à mudança de tácticas de fraude e minimizarem os falsos positivos ao longo do tempo.

A integração da inteligência artificial transformou a gestão de riscos e a deteção de fraudes, permitindo que as organizações identifiquem e mitiguem os riscos de forma proactiva, ao mesmo tempo que aumentam a precisão e a eficiência da deteção de fraudes. Ao tirar partido de algoritmos avançados, de técnicas de aprendizagem automática e de vastos conjuntos de dados, os sistemas alimentados por IA podem analisar padrões complexos, detetar anomalias e prever potenciais riscos ou actividades fraudulentas com uma precisão e velocidade sem paralelo. Além disso, a IA permite que as organizações automatizem os processos de tomada de decisões, optimizem a atribuição de recursos e se adaptem continuamente à evolução das ameaças, mantendo-se assim na vanguarda do atual panorama empresarial dinâmico e desafiante. À medida que as organizações adoptam cada vez mais abordagens baseadas em IA para a gestão do risco e a deteção de fraudes, estão mais bem equipadas para salvaguardar os seus activos, reputação e confiança das partes interessadas numa economia digital em constante evolução.

Considerações éticas e desafios regulamentares na integração da inteligência artificial na economia

À medida que se acelera a integração da inteligência artificial (IA) em vários domínios, incluindo o económico, surge uma miríade de considerações éticas e desafios regulamentares. A IA, com as suas capacidades de analisar vastos conjuntos de dados, fazer previsões e automatizar processos de tomada de decisões, tem o potencial de revolucionar os sistemas económicos. No entanto, a sua aplicação levanta dilemas éticos relativamente à privacidade, justiça, responsabilidade e impacto global na sociedade. Além disso, os quadros regulamentares têm dificuldade em acompanhar os rápidos avanços da tecnologia de IA, o que coloca desafios para garantir uma utilização responsável e ética.

Uma das principais considerações éticas na utilização da IA na economia é a preservação da privacidade e a proteção dos dados. Os algoritmos de IA dependem fortemente de dados, muitas vezes informações pessoais e sensíveis, para tomar decisões informadas. No entanto, a recolha, o armazenamento e a utilização desses dados suscitam preocupações quanto aos direitos de privacidade dos indivíduos e à possibilidade de utilização indevida dos dados. Encontrar um equilíbrio entre o aproveitamento dos dados para obter informações económicas e a salvaguarda da privacidade dos indivíduos exige uma regulamentação sólida em matéria de proteção de dados e transparência nas práticas de tratamento de dados. Além disso, a aplicação de técnicas de IA que preservam a privacidade, como a aprendizagem federada e a privacidade diferencial, pode atenuar os riscos para a privacidade, permitindo simultaneamente uma análise valiosa dos dados.

Outra dimensão ética diz respeito à equidade e aos preconceitos nos sistemas económicos baseados na IA. Os algoritmos de IA, treinados com base em dados históricos, podem inadvertidamente perpetuar preconceitos e discriminações existentes, conduzindo a tratamentos e oportunidades desiguais. Por exemplo, no contexto de decisões de contratação ou de concessão de empréstimos, os modelos de IA tendenciosos podem favorecer desproporcionadamente certos grupos demográficos e prejudicar outros. A abordagem do enviesamento algorítmico requer um exame cuidadoso dos dados de formação, da conceção do algoritmo e da monitorização contínua para identificar e mitigar os enviesamentos. Além disso, a promoção da diversidade e da inclusão nas equipas de desenvolvimento de IA pode ajudar a mitigar os enviesamentos e garantir o desenvolvimento de sistemas de IA mais equitativos.

A responsabilidade e a transparência são princípios éticos essenciais que devem ser respeitados na utilização da IA na economia. Ao contrário dos decisores humanos, os algoritmos de IA funcionam com base em modelos matemáticos complexos, o que torna difícil compreender o seu funcionamento interno e os processos de tomada de decisão. Esta opacidade suscita preocupações quanto à responsabilização, em especial quando as decisões tomadas com base na IA têm implicações económicas significativas. O estabelecimento de mecanismos de transparência algorítmica, como técnicas de IA explicáveis e pistas de auditoria, pode aumentar a responsabilização e permitir que as partes interessadas compreendam e contestem as decisões algorítmicas. Além disso, a atribuição de uma responsabilidade clara pelos resultados da IA e o estabelecimento de quadros jurídicos para a responsabilização podem ajudar a resolver as preocupações em torno da responsabilização dos sistemas de IA.

Além disso, o impacto social da IA na economia levanta questões éticas relacionadas com a deslocação de postos de trabalho, a desigualdade de rendimentos e o bem-estar geral da sociedade. Embora a IA tenha o potencial de aumentar a produtividade e a eficiência económica, a sua adoção generalizada pode levar à automatização e à deslocação de postos de trabalho em determinados sectores, exacerbando as disparidades socioeconómicas existentes. É imperativo assegurar uma transição justa para os trabalhadores afectados através de programas de requalificação e de colocação profissional para atenuar o impacto negativo da IA no emprego. Além disso, políticas como a renda básica universal (UBI) ou formas alternativas de apoio social podem ser necessárias para lidar com a desigualdade de renda e garantir a distribuição equitativa da riqueza gerada pela IA.

Do ponto de vista regulamentar, o rápido avanço da tecnologia de IA coloca desafios significativos aos quadros jurídicos existentes. As abordagens regulamentares tradicionais podem ter dificuldade em acompanhar o ritmo das capacidades em evolução dos sistemas de IA, levando a lacunas na supervisão e na aplicação. Por conseguinte, a adaptação dos quadros regulamentares para acomodar considerações específicas da IA é essencial para garantir a utilização responsável e ética da IA na economia. Isto pode implicar a criação de organismos reguladores especializados ou de grupos de trabalho com conhecimentos especializados em tecnologia de IA para desenvolver e aplicar regulamentos adaptados às aplicações de IA na economia.

Além disso, a cooperação internacional e os esforços de normalização são cruciais para enfrentar os desafios regulamentares na implantação global da IA na economia. Dada a natureza sem fronteiras das tecnologias de IA e o seu potencial de impacto no comércio internacional e nas relações económicas, a harmonização das abordagens regulamentares entre jurisdições é essencial para garantir a coerência e evitar a fragmentação regulamentar. Organizações internacionais como a OCDE e o Fórum Económico Mundial desempenham um papel vital na facilitação do diálogo e da cooperação entre países para desenvolver princípios e normas comuns para a governação da IA.

A integração da IA na economia tem um enorme potencial para impulsionar o crescimento económico, a inovação e a eficiência. No entanto, também traz consigo uma série de considerações éticas e desafios regulamentares que devem ser abordados para garantir uma utilização responsável e ética. Salvaguardar a privacidade, mitigar o enviesamento, garantir a responsabilização e abordar os impactos sociais são fundamentais para promover a confiança nos sistemas económicos impulsionados pela IA. Além disso, a adaptação dos quadros regulamentares e a promoção da cooperação internacional são essenciais para reger eficazmente a implantação da IA na economia e maximizar os seus benefícios para a sociedade no seu conjunto. Ao enfrentar estes desafios de forma proactiva, podemos aproveitar o poder transformador da IA para criar um futuro económico mais próspero e equitativo.

CAPÍTULO 5

A IA e a desigualdade económica

Dhiraj Singh Rawat

Departamento de Informática

NIET, Greater Noida, Uttar Pradesh, Índia

Jyoti Kataria

Escola de Engenharia e Tecnologia

K. R. Mangalam University, Gurugram, Haryana, Índia

Introdução

A desigualdade económica continua a ser uma das questões mais prementes do nosso tempo, com profundas ramificações sociais, políticas e económicas. O fosso crescente entre ricos e pobres coloca desafios significativos à coesão social, à estabilidade económica e ao bem-estar geral. Nos últimos anos, o aparecimento da inteligência artificial (IA) suscitou debates sobre o seu potencial papel na resolução da desigualdade económica. Embora a IA não seja uma panaceia para todos os males da sociedade, é promissora em várias áreas-chave que podem contribuir para reduzir a desigualdade e promover um crescimento económico mais inclusivo.

Uma das principais formas de a IA combater a desigualdade económica é melhorar o acesso à educação e ao desenvolvimento de competências. Há muito que a educação é reconhecida como um fator determinante das oportunidades económicas e da mobilidade social. No entanto, o acesso a uma educação de qualidade continua a ser desigual, com as comunidades desfavorecidas a enfrentarem frequentemente barreiras como recursos inadequados, professores pouco qualificados e falta de infra-estruturas educativas. As tecnologias alimentadas por IA têm o potencial de democratizar o acesso à educação, oferecendo experiências de aprendizagem personalizadas, sistemas de tutoria adaptáveis e cursos online que podem ser acedidos a partir de qualquer lugar. Por exemplo, os algoritmos de IA podem analisar os padrões e preferências de aprendizagem dos alunos para adaptar os conteúdos educativos às suas necessidades individuais, ajudando a colmatar o fosso nos resultados educativos entre alunos privilegiados e marginalizados. Além disso, a IA pode facilitar a aprendizagem ao longo da vida e a melhoria de competências, fornecendo recomendações personalizadas para programas de formação e oportunidades de emprego com base nas competências, interesses e objectivos de carreira dos indivíduos. Ao equipar as pessoas com os conhecimentos e as competências de que necessitam para serem bem sucedidas na economia digital, a IA pode capacitar indivíduos de meios desfavorecidos para acederem a melhores oportunidades de emprego e melhorarem as suas perspectivas económicas.

Para além da educação, a IA tem o potencial de melhorar o acesso aos serviços financeiros e promover a inclusão financeira. Em muitas partes do mundo, em particular nos países em desenvolvimento, grandes segmentos da população continuam a não ter acesso a serviços e produtos financeiros básicos, como contas bancárias, crédito e seguros. Esta exclusão financeira perpetua a desigualdade económica ao limitar a capacidade das pessoas para poupar, investir e contrair empréstimos, dificultando assim a sua participação na economia formal e restringindo a sua mobilidade económica. As inovações impulsionadas pela IA na tecnologia financeira, ou fintech, estão a expandir o acesso aos serviços financeiros, tirando partido de fontes de dados alternativas, como a utilização de telemóveis e a atividade nas redes sociais, para avaliar a capacidade de crédito e tomar decisões de empréstimo para indivíduos que não têm um historial de crédito tradicional. Ao utilizar algoritmos de IA para analisar grandes quantidades de dados e identificar padrões de solvabilidade, as empresas fintech podem alargar o crédito a populações carenciadas que, de outra forma, seriam consideradas demasiado arriscadas pelos bancos convencionais. Além disso, os chatbots e os assistentes virtuais alimentados por IA estão a fornecer aconselhamento e orientação financeira personalizada aos indivíduos, ajudando-os a tomar decisões informadas sobre poupança, investimento e gestão das suas finanças. Ao democratizar o acesso aos serviços financeiros e ao capacitar os indivíduos para fazerem melhores escolhas financeiras, a IA pode ajudar a reduzir a desigualdade económica e a promover a inclusão financeira.

Além disso, a IA tem o potencial de transformar os mercados de trabalho e criar novas oportunidades de participação económica, em especial para as populações marginalizadas e vulneráveis. O aumento da automação e das tecnologias de IA está a remodelar a natureza do trabalho, com certas tarefas a serem automatizadas, enquanto outras exigem novas competências e capacidades. Embora haja preocupações quanto à deslocação de empregos devido à automatização, a IA também tem o potencial de criar novos empregos e indústrias, estimulando o crescimento económico e a inovação. Por exemplo, as tecnologias orientadas para a IA, como a robótica, a aprendizagem automática e o processamento de linguagem natural, estão a impulsionar o crescimento de novos sectores, como os veículos autónomos, a agricultura de precisão e os diagnósticos de saúde, criando a procura de trabalhadores com competências técnicas especializadas. Ao investir em programas de educação e formação que dotem as pessoas das competências necessárias para prosperar na economia digital, os governos e as empresas podem garantir que todos os indivíduos têm a oportunidade de participar e beneficiar dos avanços tecnológicos impulsionados pela IA. Além disso, a IA pode facilitar o trabalho remoto e as oportunidades de freelancer, permitindo que os indivíduos de regiões mal servidas acedam a oportunidades de emprego e obtenham rendimentos sem terem de se deslocar para os centros urbanos. Ao alargar o acesso a oportunidades económicas e reduzir as barreiras geográficas ao emprego, a IA pode ajudar a reduzir o fosso económico entre regiões e promover um crescimento mais inclusivo.

No entanto, é importante reconhecer que a IA não é uma solução milagrosa para combater a desigualdade económica e que existem riscos e desafios potenciais que devem ser cuidadosamente geridos. Uma preocupação é o facto de a IA poder exacerbar as desigualdades existentes se não for implementada de forma ponderada e inclusiva. Por exemplo, existe o risco de os algoritmos de IA poderem perpetuar preconceitos e discriminação se forem treinados com dados tendenciosos ou concebidos sem transparência e responsabilidade suficientes. Além disso, existe a preocupação de que a automação impulsionada pela IA possa levar à deslocação de empregos e à desigualdade de rendimentos se não for acompanhada de políticas que apoiem a transição dos trabalhadores para novas ocupações e forneçam redes de segurança social, como o rendimento básico universal ou programas de garantia de emprego. Além disso, existe o risco de a IA concentrar a riqueza e o poder nas mãos de algumas empresas tecnológicas dominantes, exacerbando o poder de monopólio e sufocando a concorrência e a inovação. Para mitigar estes riscos e aproveitar o potencial da IA para o desenvolvimento económico inclusivo, os decisores políticos, as empresas e as organizações da sociedade civil devem trabalhar em conjunto para garantir que as tecnologias de IA são implementadas de forma ética, equitativa e com o objetivo de promover o bem-estar de todos os membros da sociedade.

Risco de agravamento das disparidades económicas devido à IA

A Inteligência Artificial (IA) surgiu como uma força transformadora em vários sectores, prometendo ganhos de eficiência, inovação e crescimento económico. No entanto, a par dos seus benefícios, a IA também coloca desafios significativos, nomeadamente ao agravar a desigualdade económica. À medida que as tecnologias de IA se tornam mais prevalecentes, há uma preocupação crescente de que possam aumentar as disparidades económicas existentes, marginalizando ainda mais certos grupos e exacerbando as divisões socioeconómicas.

Compreender os mecanismos da desigualdade económica: Antes de nos debruçarmos sobre as formas específicas como a IA pode aumentar as disparidades económicas, é fundamental compreender os mecanismos através dos quais a desigualdade económica se manifesta. A desigualdade económica engloba as disparidades de rendimento, riqueza e oportunidades entre indivíduos e grupos de uma sociedade. Factores como a educação, o acesso aos recursos, a mobilidade social e as estruturas institucionais desempenham um papel fundamental na formação destas desigualdades.

Impacto da IA na desigualdade económica

Deslocação de empregos e automatização: Uma das principais preocupações relativamente à IA é o seu potencial para automatizar várias tarefas e empregos tradicionalmente desempenhados por humanos. Embora a automatização possa levar a um aumento da produtividade e da eficiência, também representa uma ameaça para o emprego, em particular para os trabalhadores pouco qualificados em trabalhos de rotina. À medida que as tecnologias baseadas na IA continuam a avançar, sectores como a indústria transformadora, os transportes, o comércio a retalho e o serviço de apoio ao cliente estão a sofrer perturbações significativas, o que resulta na deslocação de postos de trabalho e na perda de meios de subsistência para muitas pessoas.

Mudança tecnológica baseada em competências: A automatização impulsionada pela IA tende a favorecer os trabalhadores com competências técnicas avançadas e conhecimentos especializados, exacerbando a desigualdade baseada nas competências. Os trabalhadores altamente qualificados que possuem os conhecimentos e as capacidades para tirar partido das tecnologias de IA beneficiam de uma maior produtividade e de salários mais elevados, enquanto os trabalhadores pouco qualificados enfrentam uma maior insegurança no emprego e a estagnação salarial. Este fosso cada vez maior entre trabalhadores qualificados e não qualificados contribui para a desigualdade económica global nas sociedades.

Concentração de riqueza e poder: A proliferação da IA levou ao aparecimento de gigantes tecnológicos e plataformas monopolistas que dominam vários sectores da economia. Estas empresas aproveitam o poder da IA para acumular grandes quantidades de dados, extrair informações valiosas e consolidar as suas posições no mercado. Como resultado, acumulam riqueza e influência substanciais, concentrando ainda mais o poder económico nas mãos de algumas empresas e indivíduos. Esta concentração de riqueza e poder perpetua a desigualdade, limitando a concorrência, sufocando a inovação e impedindo a mobilidade socioeconómica das pequenas empresas e dos empresários.

Acesso às tecnologias de IA: Outra dimensão da desigualdade impulsionada pela IA diz respeito às disparidades no acesso às tecnologias de IA e às infra-estruturas digitais. Indivíduos e organizações afluentes com recursos financeiros podem se dar ao luxo de investir em sistemas de IA de última geração, ganhando uma vantagem competitiva no mercado.

Em contrapartida, as comunidades marginalizadas, os países em desenvolvimento e as regiões mal servidas podem não ter acesso à tecnologia, formação e recursos necessários para aproveitar os potenciais benefícios da IA. Este fosso digital agrava as desigualdades existentes, limitando as oportunidades de progresso socioeconómico e exacerbando as disparidades em termos de riqueza e prosperidade.

Enfrentar os desafios: Embora os riscos de agravamento das disparidades económicas devido à IA sejam significativos, podem ser tomadas medidas proactivas para atenuar estes desafios e promover um crescimento mais inclusivo:

Investir na educação e no desenvolvimento de competências

Para combater a desigualdade baseada nas competências, os governos, as empresas e as instituições de ensino devem dar prioridade aos investimentos na aprendizagem ao longo da vida, na formação profissional e nos programas de desenvolvimento de competências. Ao equipar os indivíduos com a literacia digital e as competências técnicas necessárias, as sociedades podem capacitar os trabalhadores para se adaptarem aos avanços tecnológicos e prosperarem na economia digital.

Promover o acesso equitativo à IA: Os esforços para colmatar o fosso digital e garantir o acesso equitativo às tecnologias de IA são essenciais para reduzir as disparidades e promover o crescimento inclusivo. Tal inclui a expansão das infra-estruturas de banda larga, a concessão de subsídios para dispositivos digitais e acesso à Internet e a promoção de iniciativas que democratizem as oportunidades de educação e formação em matéria de IA, em especial nas comunidades mal servidas.

Implementação de políticas progressivas: Os decisores políticos desempenham um papel crítico na modelação do impacto socioeconómico da IA através de quadros regulamentares e intervenções políticas. Medidas como tributação progressiva, redes de segurança social e mecanismos de redistribuição podem ajudar a mitigar os efeitos adversos da automação e da concentração de riqueza, garantindo que os benefícios da IA sejam distribuídos de forma mais equitativa pela sociedade.

Fomentar a inovação e o espírito empresarial: Incentivar a inovação e o empreendedorismo entre diversos grupos é essencial para promover o dinamismo económico e reduzir a dependência de entidades monopolistas. Os governos podem apoiar as pequenas e médias empresas (PME) através de incentivos, subvenções e acesso a financiamento, permitindo-lhes tirar partido das tecnologias de IA e competir no mercado digital.

Intervenções políticas para atenuar a desigualdade

A desigualdade é uma questão omnipresente nas sociedades de todo o mundo, abrangendo dimensões económicas, sociais e políticas. À medida que os avanços tecnológicos, em particular a inteligência artificial (IA), continuam a remodelar as indústrias e as economias, a preocupação com o aumento da desigualdade aumentou. A luta contra a desigualdade exige abordagens multifacetadas, incluindo intervenções políticas destinadas a atenuar as disparidades e a promover o crescimento inclusivo.

Políticas de redistribuição de rendimentos: As políticas de redistribuição de rendimentos visam reduzir a desigualdade económica através da redistribuição da riqueza dos ricos para os segmentos menos privilegiados da sociedade. A tributação progressiva, em que as pessoas com rendimentos mais elevados são tributadas a taxas mais elevadas, é um instrumento fundamental para a redistribuição do rendimento. Além disso, os programas de bem-estar social, como o rendimento básico universal (RBI) e os regimes de transferência de dinheiro direccionados, podem prestar assistência financeira às famílias com baixos rendimentos, reduzindo assim a diferença de riqueza. A IA pode desempenhar um papel crucial na otimização destes mecanismos de redistribuição, melhorando a eficiência da cobrança de impostos, identificando os beneficiários elegíveis e prevendo o impacto das alterações políticas nos padrões de distribuição do rendimento.

Investimento na educação e no desenvolvimento de competências: A educação é um fator determinante da mobilidade socioeconómica, mas o acesso a uma educação de qualidade continua a ser desigual entre os diferentes grupos demográficos. As intervenções políticas que dão prioridade ao investimento na educação e no desenvolvimento de competências podem ajudar a mitigar a desigualdade, equipando os indivíduos com as ferramentas para competir no mercado de trabalho. As tecnologias educativas baseadas em IA, como as plataformas de aprendizagem adaptativa e os sistemas de tutoria personalizados, podem responder a diversas necessidades de aprendizagem e colmatar as lacunas educativas. Além disso, os programas de formação profissional adaptados às indústrias emergentes facilitados pela IA podem capacitar os indivíduos com competências relevantes para empregos de elevada procura, promovendo o crescimento económico inclusivo.

Regulamentação do mercado de trabalho e proteção social: A regulamentação do mercado de trabalho e as protecções sociais são essenciais para salvaguardar os direitos dos trabalhadores e garantir condições de trabalho dignas. Políticas como as leis do salário mínimo, os direitos de negociação colectiva e os regulamentos de segurança no local de trabalho visam evitar a exploração e promover uma compensação justa. Além disso, as protecções sociais, como o seguro de desemprego, a cobertura de cuidados de saúde e os regimes de pensões, constituem uma rede de segurança para os indivíduos vulneráveis que enfrentam choques económicos. A análise baseada em IA pode ajudar os decisores políticos a monitorizar a dinâmica do mercado de trabalho, a identificar casos de discriminação salarial ou de emprego precário e a conceber intervenções direccionadas para abordar estas questões de forma eficaz.

Habitação a preços acessíveis e iniciativas de desenvolvimento urbano: A acessibilidade à habitação é um fator determinante da inclusão social e económica, mas o aumento dos preços dos imóveis e a gentrificação exacerbam frequentemente as desigualdades na habitação. As intervenções políticas que dão prioridade a iniciativas de habitação a preços acessíveis, tais como programas de habitação subsidiada, medidas de controlo de rendas e projectos de desenvolvimento de rendimento misto, podem garantir o acesso a habitação segura e a preços acessíveis para famílias com baixos rendimentos. As ferramentas de planeamento urbano com recurso à IA podem otimizar a atribuição de habitação e as estratégias de desenvolvimento urbano, tendo em conta as tendências demográficas, as desigualdades espaciais e as considerações de sustentabilidade ambiental.

Políticas de inovação inclusivas: A inovação é um motor do crescimento económico, mas também pode exacerbar a desigualdade se não for inclusiva. As intervenções políticas que promovem a inovação inclusiva visam garantir que os benefícios dos avanços tecnológicos, incluindo os impulsionados pela IA, sejam distribuídos equitativamente pela sociedade. Isto pode envolver o apoio às pequenas e médias empresas (PME), às empresas pertencentes a minorias e aos inovadores de base através de financiamento, orientação e acesso a infra-estruturas tecnológicas. Além disso, as iniciativas para democratizar o acesso às tecnologias de IA, como o desenvolvimento de software de código aberto e as parcerias público-privadas, podem promover um ecossistema de inovação mais inclusivo.

As intervenções políticas para mitigar a desigualdade representam uma pedra angular das agendas de desenvolvimento inclusivo em todo o mundo. À medida que as sociedades se debatem com as complexidades da desigualdade exacerbadas pelos avanços tecnológicos, o papel da IA na definição de intervenções políticas torna-se cada vez mais significativo. Ao aproveitar o potencial das tecnologias de IA para otimizar a atribuição de recursos, melhorar os processos de tomada de decisão e promover o crescimento inclusivo, os decisores políticos podem avançar para um futuro mais equitativo e sustentável. No entanto, é imperativo que estas intervenções sejam implementadas tendo em conta os princípios éticos, os valores sociais e os direitos humanos, assegurando que os benefícios das políticas orientadas para a IA sejam acessíveis a todos os segmentos da sociedade, em particular aos marginalizados ou desfavorecidos. Só através de esforços concertados e de acções de colaboração é que podemos lutar por um mundo mais justo e equitativo para as gerações presentes e futuras.

Estudos de casos de aplicações de IA na redução da desigualdade

Nos últimos anos, a intersecção entre a inteligência artificial (IA) e a desigualdade socioeconómica tem merecido uma atenção significativa. Embora a IA tenha o potencial de exacerbar as desigualdades existentes, também apresenta oportunidades para as resolver. Vários estudos de caso demonstram como as aplicações de IA estão a ser aproveitadas para reduzir a desigualdade em vários domínios, incluindo a educação, os cuidados de saúde e o acesso a serviços financeiros.

Um estudo de caso convincente vem do campo da educação, onde as plataformas de aprendizagem personalizada orientadas por IA mostraram ser promissoras na redução da lacuna de desempenho entre alunos de diversas origens socioeconómicas. Plataformas como a Khan Academy e o Duolingo utilizam algoritmos de aprendizagem automática para adaptar o conteúdo e o ritmo com base nos estilos de aprendizagem e níveis de proficiência de cada aluno. Ao proporcionar experiências educativas personalizadas, estas plataformas permitem que os alunos aprendam ao seu próprio ritmo, independentemente do seu estatuto socioeconómico ou do acesso a recursos educativos tradicionais. A investigação demonstrou que as abordagens de aprendizagem personalizada podem conduzir a melhorias significativas nos resultados académicos, em especial para os alunos desfavorecidos que podem ter dificuldades em ambientes de sala de aula tradicionais.

Outro estudo de caso digno de nota gira em torno do potencial da IA para melhorar o acesso aos cuidados de saúde e os resultados para as comunidades carenciadas. Nas zonas rurais e nos países em desenvolvimento, onde o acesso aos serviços de saúde é limitado, as plataformas de telemedicina alimentadas por IA oferecem uma tábua de salvação aos doentes que, de outra forma, enfrentariam barreiras significativas aos cuidados de saúde. Empresas como a Babylon Health e a HealthTap utilizam algoritmos de IA para fornecer consultas remotas, diagnosticar doenças e fornecer recomendações de tratamento personalizadas. Estas plataformas permitem aos pacientes aceder a conhecimentos médicos especializados a partir de qualquer lugar com uma ligação à Internet, reduzindo a necessidade de consultas presenciais dispendiosas e demoradas. Ao democratizar o acesso aos cuidados de saúde, a telemedicina baseada em IA tem o potencial de reduzir o fosso nos resultados de saúde entre populações privilegiadas e marginalizadas.

Além disso, a IA está a ser utilizada para combater a desigualdade financeira, alargando o acesso aos serviços financeiros e promovendo a inclusão financeira. Em muitas partes do mundo, os bancos tradicionais são inacessíveis ou inacessíveis para pessoas com baixos rendimentos, deixando-as excluídas do sistema financeiro formal. No entanto, as empresas fintech alimentadas por IA são pioneiras em soluções inovadoras para colmatar esta lacuna. Por exemplo, instituições de microfinanciamento como a Tala e a Branch utilizam algoritmos de aprendizagem automática para analisar fontes de dados alternativas, como a utilização de telemóveis e a atividade nas redes sociais, para avaliar a capacidade de crédito e conceder empréstimos a indivíduos que não têm um historial de crédito tradicional. Ao tirar partido da IA para a avaliação do risco e a tomada de decisões, estas empresas conseguem servir populações que anteriormente eram consideradas demasiado arriscadas ou não bancáveis pelos credores tradicionais, permitindo assim que as comunidades carenciadas tenham acesso a capital e construam estabilidade financeira.

Além disso, a IA está a dar passos largos no combate à desigualdade no sistema de justiça penal, atenuando os preconceitos nos processos de tomada de decisão. Um exemplo notável é a utilização de ferramentas algorítmicas de avaliação de risco para informar as decisões de prisão preventiva. Estas ferramentas analisam vários factores, como o historial criminal e informações demográficas, para prever a probabilidade de um arguido cometer um crime futuro ou não comparecer em tribunal. Ao fornecer aos juízes informações baseadas em dados, estes algoritmos visam reduzir a dependência de juízos subjectivos e minimizar as disparidades na determinação da fiança com base na raça, no estatuto socioeconómico ou noutros factores externos. Embora a avaliação algorítmica do risco não seja isenta de controvérsia e persistam as preocupações com a parcialidade dos algoritmos, os proponentes argumentam que, quando implementadas de forma ética e transparente, estas ferramentas têm o potencial de promover a justiça e a equidade no sistema de justiça penal.

CAPÍTULO 6

IA na política económica e na governação

Jyoti Kataria

Escola de Engenharia e Tecnologia

K. R. Mangalam University, Gurugram, Haryana, Índia

Vijay Singh

Escola de Engenharia e Tecnologia Amity

Universidade de Amity, Noida, UP, Índia

Introdução

Na era contemporânea, em que os dados são cada vez mais aclamados como o novo petróleo, os decisores políticos estão a recorrer à inteligência artificial (IA) para navegar na complexa teia de informações e tomar decisões informadas. A IA oferece capacidades sem precedentes para analisar grandes quantidades de dados, extrair conhecimentos significativos e prever resultados, revolucionando assim as abordagens tradicionais à elaboração de políticas.

A elaboração de políticas com base em dados implica a utilização de provas empíricas e de conhecimentos derivados da análise de dados para formular, implementar e avaliar políticas. Historicamente, as decisões políticas têm sido influenciadas por opiniões de especialistas, crenças ideológicas e considerações políticas. No entanto, a proliferação das tecnologias digitais e o crescimento exponencial dos dados deram origem a um novo paradigma em que os decisores políticos podem aproveitar o poder da IA para fundamentar as suas decisões.

Uma das principais vantagens da IA na elaboração de políticas baseadas em dados é a sua capacidade de processar e analisar grandes volumes de dados a uma velocidade e escala que ultrapassam as capacidades humanas. Os algoritmos de IA podem analisar diversas fontes de dados, incluindo registos governamentais, feeds de redes sociais, redes de sensores e transacções em linha, para identificar padrões, correlações e tendências. Ao descobrir informações ocultas nestes conjuntos de dados, os decisores políticos podem obter uma compreensão mais profunda de fenómenos sociais, económicos e ambientais complexos, o que lhes permite formular políticas mais eficazes e direccionadas.

Além disso, a IA facilita a modelação preditiva, permitindo aos decisores políticos antecipar o potencial impacto das intervenções políticas e simular vários cenários antes da sua implementação. Por exemplo, os algoritmos de aprendizagem automática podem analisar dados históricos sobre taxas de criminalidade, tendências demográficas e estratégias de policiamento para prever futuros focos de criminalidade e otimizar a atribuição de recursos para as agências de aplicação da lei. Do mesmo modo, a análise preditiva pode ajudar os responsáveis pelas políticas de saúde a antecipar surtos de doenças, a afetar eficazmente os recursos de saúde e a conceber intervenções preventivas para mitigar os riscos para a saúde pública.

Além disso, a análise de dados baseada em IA pode melhorar a avaliação das políticas e o acompanhamento do desempenho, fornecendo feedback em tempo real sobre os resultados e a eficácia das políticas. Os métodos tradicionais de avaliação das políticas baseiam-se frequentemente em análises retrospectivas e avaliações subjectivas, que podem ser propensas a enviesamentos e limitações. Em contrapartida, a IA permite a monitorização contínua dos principais indicadores de desempenho (KPI), a deteção automática de anomalias ou desvios em relação aos resultados esperados e o ajustamento dinâmico das políticas em resposta às tendências emergentes ou à alteração das circunstâncias.

Apesar dos seus potenciais benefícios, a adoção da IA na elaboração de políticas baseadas em dados coloca também vários desafios e considerações. Em primeiro lugar, existem preocupações relativamente à privacidade dos dados, à segurança e às implicações éticas, particularmente no que diz respeito à recolha, armazenamento e utilização de informações pessoais ou sensíveis. Os decisores políticos devem assegurar o cumprimento dos regulamentos de proteção de dados, estabelecer salvaguardas robustas contra o acesso não autorizado ou a utilização indevida de dados e promover a transparência e a responsabilização nos processos de tomada de decisão baseados na IA.

Em segundo lugar, existe um risco de enviesamento e discriminação algorítmica inerente aos sistemas de IA, em que os algoritmos podem inadvertidamente perpetuar ou amplificar as desigualdades e enviesamentos sociais existentes nos dados de treino. Por exemplo, se os dados históricos utilizados para treinar algoritmos de policiamento preditivo reflectirem práticas de policiamento tendenciosas ou perfis raciais, o sistema de IA pode perpetuar esses preconceitos e visar injustamente certas comunidades. Os decisores políticos devem, por conseguinte, dar prioridade à justiça, à equidade e à inclusão na conceção, desenvolvimento e implementação de sistemas de IA para a elaboração de políticas.

Em terceiro lugar, existem preocupações quanto à falta de interpretabilidade e de responsabilização dos algoritmos de IA, o que pode prejudicar a transparência, a confiança do público e o controlo democrático das decisões políticas. Ao contrário dos processos políticos tradicionais, em que as decisões são tomadas por decisores políticos humanos que podem ser responsabilizados pelas suas acções, os algoritmos de IA funcionam como caixas negras, o que dificulta a compreensão da forma como as decisões são tomadas ou a contestação dos seus resultados. Os decisores políticos devem, por conseguinte, investir em técnicas e mecanismos de IA explicável (XAI) para melhorar a interpretabilidade e a responsabilização dos sistemas de IA, garantindo que as decisões são transparentes, compreensíveis e sujeitas a escrutínio.

O papel da IA na administração pública e na governação

Nos últimos anos, a integração da inteligência artificial (IA) na administração pública e na governação surgiu como uma força transformadora, prometendo revolucionar a forma como os governos operam, prestam serviços e interagem com os cidadãos. A IA, com a sua capacidade de analisar grandes quantidades de dados, automatizar processos e fazer previsões, tem o potencial de aumentar a eficiência, a transparência e a tomada de decisões no sector público.

Aplicações de IA na administração pública

Uma das principais áreas em que a IA está a fazer incursões significativas é na racionalização dos processos administrativos. As agências governamentais lidam com enormes quantidades de dados, desde registos de cidadãos a transacções financeiras, e as tecnologias de IA, como a aprendizagem automática e o processamento de linguagem natural, podem automatizar tarefas de rotina, melhorar a gestão de dados e reduzir as ineficiências burocráticas. Por exemplo, os chatbots alimentados por IA estão a ser utilizados para responder a pedidos de informação dos cidadãos e prestar assistência em tempo real, reduzindo a carga de trabalho dos funcionários humanos e melhorando a prestação de serviços.

Além disso, a IA tem o potencial de revolucionar a tomada de decisões na administração pública. Ao analisar dados de várias fontes, incluindo redes sociais, sensores e bases de dados governamentais, os algoritmos de IA podem fornecer informações sobre as preferências dos cidadãos, identificar tendências emergentes e prever desenvolvimentos futuros. Esta capacidade de previsão pode ajudar os decisores políticos a antecipar e a responder às necessidades da sociedade de forma mais eficaz, conduzindo a melhores resultados políticos e a uma melhor governação.

Outra área crítica em que a IA está a ser aplicada é na melhoria da segurança pública. As agências de aplicação da lei estão a utilizar cada vez mais ferramentas alimentadas por IA para previsão de crimes, reconhecimento facial e vigilância, permitindo-lhes identificar potenciais ameaças e afetar recursos de forma mais eficiente. Do mesmo modo, os sistemas baseados na IA estão a ser utilizados para analisar grandes volumes de dados de fontes como as redes sociais e os relatórios noticiosos para detetar e combater campanhas de desinformação, salvaguardando os processos democráticos e a segurança nacional.

Desafios e considerações

Apesar dos seus potenciais benefícios, a adoção generalizada da IA na administração pública e na governação levanta também desafios e considerações significativos. Uma das principais preocupações prende-se com as implicações éticas e jurídicas da tomada de decisões com base na IA. Os algoritmos de IA, embora capazes de processar grandes quantidades de dados e de identificar padrões, não são imunes aos enviesamentos inerentes aos dados com que são treinados. Este facto levanta questões sobre a equidade, a responsabilidade e a transparência dos processos de decisão automatizados, em especial em domínios sensíveis como a justiça penal e a assistência social.

Além disso, a implantação da IA na administração pública exige medidas robustas de cibersegurança para proteger informações sensíveis e garantir a privacidade dos dados. À medida que as agências governamentais dependem cada vez mais de sistemas de IA para processar e analisar os dados dos cidadãos, tornam-se alvos lucrativos para ciberataques, destacando a necessidade de medidas proactivas para se protegerem contra ameaças e vulnerabilidades.

Além disso, a integração da IA na administração pública e na governação exige investimentos significativos em infra-estruturas, formação e desenvolvimento de capacidades. Muitas agências governamentais não têm as competências e os recursos necessários para aproveitar todo o potencial da IA, o que leva a disparidades na implementação e adoção em diferentes jurisdições. Abordar essas restrições de capacidade é essencial para garantir que os benefícios da IA sejam distribuídos de forma equitativa e acessíveis a todos os cidadãos.

Direcções e oportunidades futuras

Apesar destes desafios, as perspectivas futuras para a IA na administração pública e na governação são promissoras. À medida que as tecnologias de IA continuam a evoluir e a amadurecer, têm o potencial de impulsionar a inovação, melhorar a prestação de serviços e aumentar o envolvimento dos cidadãos. Os governos de todo o mundo estão a reconhecer cada vez mais o potencial transformador da IA e estão a investir em iniciativas para aproveitar os seus benefícios.

Além disso, as parcerias entre governos, universidades e o sector privado são essenciais para promover a colaboração, a partilha de conhecimentos e a inovação na governação orientada para a IA. Ao alavancar a experiência colectiva e os recursos de diversas partes interessadas, os governos podem acelerar o desenvolvimento e a implantação de soluções de IA que abordam desafios sociais prementes e promovem o desenvolvimento inclusivo e sustentável.

A integração da IA na administração pública e na governação representa uma mudança de paradigma na forma como os governos funcionam e interagem com os cidadãos. Desde a racionalização dos processos administrativos até ao reforço da tomada de decisões e à melhoria da segurança pública, a IA tem o potencial de transformar praticamente todos os aspectos da governação. No entanto, a concretização deste potencial exige uma análise cuidadosa das considerações éticas, jurídicas e técnicas, bem como investimentos na criação de capacidades e infra-estruturas. Ao adotar a IA de forma responsável e inclusiva, os governos podem aproveitar o seu poder transformador para construir instituições públicas mais eficientes, transparentes e reactivas.

Análise preditiva para o planeamento económico

No panorama em rápida evolução da economia, a integração da análise preditiva tornou-se fundamental para moldar o futuro do planeamento económico. A análise preditiva, um ramo da análise avançada que utiliza dados históricos para prever eventos ou comportamentos futuros, tem um enorme potencial para orientar os decisores políticos, as empresas e os governos na tomada de decisões informadas. Ao utilizar algoritmos sofisticados e técnicas de aprendizagem automática, a análise preditiva permite que as partes interessadas antecipem tendências económicas, reduzam os riscos e aproveitem as oportunidades emergentes.

No centro da análise preditiva para o planeamento económico está a utilização de vastos conjuntos de dados que englobam vários indicadores económicos, tendências de mercado, informações demográficas e métricas de desempenho histórico. Estes conjuntos de dados servem de base para a construção de modelos preditivos, permitindo aos analistas identificar padrões, correlações e causas que podem informar os resultados futuros. Através da aplicação de técnicas estatísticas, como a análise de regressão, a análise de séries temporais e algoritmos de aprendizagem automática, como redes neuronais e florestas aleatórias, a análise preditiva extrai informações úteis de conjuntos de dados complexos, proporcionando aos decisores uma vantagem estratégica na navegação em terrenos económicos incertos.

Uma das principais aplicações da análise preditiva no planeamento económico é a previsão dos principais indicadores económicos, como o crescimento do PIB, as taxas de inflação, as taxas de desemprego e as despesas dos consumidores. Ao analisar dados históricos e identificar padrões subjacentes, os modelos preditivos podem gerar previsões precisas destes indicadores, permitindo aos decisores políticos antecipar tendências económicas e formular respostas políticas adequadas. Por exemplo, os bancos centrais utilizam a análise preditiva para prever as taxas de inflação, o que lhes permite ajustar as medidas de política monetária, como as taxas de juro, para manter a estabilidade dos preços e estimular o crescimento económico.

Além disso, a análise preditiva desempenha um papel crucial na previsão dos mercados financeiros, facilitando decisões de investimento informadas e estratégias de gestão do risco. Ao analisar os dados do mercado, os preços dos activos e o sentimento dos investidores, os modelos preditivos podem prever as tendências do mercado de acções, identificar oportunidades de negociação e avaliar a probabilidade de flutuações do mercado. As empresas de investimento e os fundos de cobertura utilizam a análise preditiva para otimizar as suas carteiras de investimento, minimizar os riscos e maximizar os retornos em ambientes de mercado dinâmicos caracterizados pela volatilidade e incerteza.

Para além da previsão macroeconómica, a análise preditiva oferece informações valiosas sobre o comportamento dos consumidores e a dinâmica do mercado, permitindo que as empresas adaptem as suas estratégias e ofertas para satisfazer as preferências dos consumidores em constante evolução. Os retalhistas utilizam a análise preditiva para antecipar padrões de procura, otimizar a gestão de stocks e personalizar campanhas de marketing com base nas preferências individuais dos clientes. As plataformas de comércio eletrónico utilizam motores de recomendação alimentados por análises preditivas para sugerir produtos relevantes aos clientes, melhorando assim a experiência global de compra e impulsionando as vendas.

Além disso, a análise preditiva tem um enorme potencial na atenuação dos riscos associados a perturbações económicas e choques externos. Ao analisar dados históricos sobre catástrofes naturais, eventos geopolíticos e crises financeiras, os modelos preditivos podem avaliar a probabilidade e o impacto de potenciais crises, permitindo aos decisores políticos implementar medidas preventivas e planos de contingência para atenuar os seus efeitos adversos. Por exemplo, as companhias de seguros utilizam a análise preditiva para avaliar o risco de acontecimentos catastróficos e determinar os prémios de seguro em conformidade, assegurando a resiliência financeira face a acontecimentos imprevistos.

No entanto, apesar do seu potencial transformador, a análise preditiva para o planeamento económico não está isenta de desafios e limitações. Um dos principais desafios é a complexidade e a volatilidade inerentes aos sistemas económicos, que podem dificultar a modelação e a previsão exactas de resultados futuros. Os fenómenos económicos são frequentemente influenciados por numerosos factores inter-relacionados, incluindo a evolução geopolítica, os avanços tecnológicos e a dinâmica social, o que torna difícil captar todas as variáveis relevantes nos modelos de previsão.

Além disso, a análise preditiva depende em grande medida da disponibilidade e da qualidade dos dados, que podem estar sujeitos a enviesamentos, imprecisões e limitações. Dados incompletos ou desactualizados podem comprometer a exatidão e a fiabilidade dos modelos preditivos, conduzindo a previsões erradas e a uma tomada de decisões pouco optimizada. Além disso, as implicações éticas da análise preditiva, em particular no que respeita à privacidade dos dados, à segurança e à equidade algorítmica, justificam uma análise cuidadosa para garantir que os modelos preditivos são utilizados de forma responsável e ética.

A análise preditiva é uma promessa imensa para revolucionar o planeamento económico e a tomada de decisões, fornecendo às partes interessadas informações atempadas, precisas e accionáveis sobre tendências e desenvolvimentos futuros. Ao aproveitar o poder da análise avançada e das técnicas de aprendizagem automática, a análise preditiva permite aos decisores políticos, às empresas e aos governos navegar em cenários económicos complexos com confiança e agilidade. No entanto, para concretizar todo o potencial da análise preditiva, é necessário enfrentar os desafios relacionados com a qualidade dos dados, a exatidão dos modelos e as considerações éticas, promovendo simultaneamente a colaboração entre o meio académico, a indústria e os decisores políticos para fazer avançar a fronteira da previsão e do planeamento económicos.

Desafios e oportunidades na implementação da IA na administração pública

No panorama em rápida evolução dos avanços tecnológicos, a inteligência artificial (IA) destaca-se como uma força transformadora com potencial para revolucionar vários sectores, incluindo a administração pública. A integração da IA nos processos governamentais promete maior eficiência, melhor tomada de decisões e melhores serviços aos cidadãos. No entanto, este esforço não está isento de desafios. À medida que os governos de todo o mundo embarcam na jornada de implementação da IA, têm de navegar através de um conjunto complexo de obstáculos, aproveitando ao mesmo tempo as abundantes oportunidades que a IA apresenta.

Um dos principais desafios na implementação da IA na administração pública é a questão da privacidade e da segurança dos dados. As administrações públicas lidam com grandes quantidades de dados sensíveis, que vão desde informações sobre os cidadãos a informações de segurança nacional. Como os sistemas de IA dependem muito dos dados para a sua formação e funcionamento, torna-se fundamental garantir a privacidade e a segurança desses dados. O acesso não autorizado, as violações de dados e a utilização indevida de informações pessoais representam riscos significativos, levando à erosão da confiança do público e a responsabilidades legais. Por conseguinte, os governos precisam de estruturas robustas de governação de dados, normas de encriptação e mecanismos de conformidade para salvaguardar a integridade e a privacidade dos dados, ao mesmo tempo que aproveitam o poder da IA.

Outro obstáculo significativo é a falta de mão de obra especializada em tecnologias de IA nas agências governamentais. A implementação da IA requer conhecimentos especializados em ciência de dados, aprendizagem automática e programação, que podem ser escassos em ambientes burocráticos tradicionais. A atualização e requalificação da força de trabalho existente, o recrutamento de especialistas em IA da academia e da indústria e a promoção de uma cultura de inovação e aprendizagem são passos essenciais para a construção do capital humano necessário para uma integração bem-sucedida da IA nas operações governamentais.

Além disso, a aquisição e a implantação de sistemas de IA na administração pública enfrentam desafios relacionados com a transparência, a responsabilização e a parcialidade. A natureza opaca dos algoritmos de IA e dos processos de tomada de decisão levanta preocupações sobre a responsabilização e a equidade, especialmente em áreas críticas como a aplicação da lei, a justiça e o bem-estar social. Os preconceitos inerentes aos dados de treino ou à conceção algorítmica podem levar a resultados discriminatórios, exacerbando as desigualdades sociais existentes. Os governos devem estabelecer procedimentos de aquisição transparentes, realizar auditorias algorítmicas rigorosas e desenvolver mecanismos para lidar com preconceitos e garantir a responsabilidade algorítmica para criar confiança e legitimidade na governação orientada para a IA.

A interoperabilidade e a normalização representam obstáculos adicionais à implementação efectiva da IA nas agências governamentais. A natureza em silos das estruturas burocráticas resulta frequentemente em sistemas de dados fragmentados e tecnologias incompatíveis, dificultando a integração perfeita das soluções de IA. O estabelecimento de normas de interoperabilidade, protocolos de partilha de dados e quadros comuns para o desenvolvimento da IA pode facilitar a colaboração e a troca de informações entre diversas entidades governamentais, conduzindo a estratégias e iniciativas de IA mais coesas e coordenadas.

Apesar destes desafios, a implementação da IA na administração pública oferece uma miríade de oportunidades de inovação e melhoria. Uma dessas oportunidades reside na automatização das tarefas administrativas de rotina, libertando assim os recursos humanos para actividades mais complexas e de valor acrescentado. Os chatbots, os assistentes virtuais e as ferramentas de automatização de processos baseados em IA podem simplificar os processos burocráticos, reduzir a burocracia e melhorar a prestação de serviços, conduzindo a uma maior eficiência operacional e à redução de custos.

Além disso, a IA permite que os governos aproveitem o poder dos grandes volumes de dados para a elaboração de políticas baseadas em provas e para a tomada de decisões estratégicas. A análise avançada e as técnicas de modelação preditiva podem analisar vastos conjuntos de dados em tempo real, revelando informações, tendências e padrões valiosos que informam a formulação de políticas, a afetação de recursos e a gestão de crises. Ao tirar partido da análise baseada em IA, os governos podem otimizar a utilização de recursos, identificar riscos emergentes e conceber intervenções direccionadas para enfrentar eficazmente os desafios sociais prementes.

A IA também tem um enorme potencial para melhorar o envolvimento e a satisfação dos cidadãos através de serviços personalizados e reactivos. Os assistentes virtuais inteligentes e os chatbots alimentados por IA podem fornecer aos cidadãos acesso permanente a informações, assistência e apoio, melhorando a sua experiência global com os serviços governamentais. Além disso, os sistemas de recomendação baseados em IA e a análise preditiva podem adaptar os serviços públicos às necessidades e preferências individuais, aumentando a satisfação e a confiança dos cidadãos nas instituições governamentais.

Para além de melhorar as operações internas e os serviços aos cidadãos, a IA pode desempenhar um papel crucial na promoção da transparência, da responsabilidade e da integridade na governação. A tecnologia Blockchain, associada à IA, pode facilitar transacções seguras e transparentes, gestão de contratos e processos de votação, reduzindo as oportunidades de fraude, corrupção e manipulação. As ferramentas de auditoria baseadas em IA podem detetar anomalias, irregularidades e violações de conformidade nas operações governamentais, melhorando os mecanismos de supervisão e responsabilização.

Além disso, os sistemas de avaliação de riscos e de alerta precoce orientados para a IA podem ajudar os governos a identificar e mitigar proactivamente vários riscos, incluindo catástrofes naturais, crises de saúde pública e ameaças à cibersegurança. Ao analisar diversas fontes de dados e gerar informações preditivas, a IA permite que os governos antecipem e respondam a potenciais emergências de forma mais eficaz, minimizando o impacto nas vidas e nos meios de subsistência.

A implementação da IA na administração pública apresenta desafios e oportunidades para transformar a governação na era digital. Abordar questões relacionadas com a privacidade dos dados, a capacidade da força de trabalho, a transparência e a interoperabilidade é essencial para garantir a utilização responsável e ética da IA nas operações governamentais. Ao superar esses desafios e aproveitar as oportunidades oferecidas pela IA, os governos podem aumentar a eficiência, a eficácia e a capacidade de resposta para atender às necessidades dos cidadãos e promover o bem público.

CAPÍTULO 7

IA no comércio internacional e na globalização

Jyoti Kataria

Escola de Engenharia e Tecnologia

K. R. Mangalam University, Gurugram, Haryana, Índia

Dhiraj Singh Rawat

Departamento de Informática

NIET, Greater Noida, Uttar Pradesh, Índia

Introdução

Na economia globalizada de hoje, a eficiência do comércio desempenha um papel crucial na facilitação da troca de bens e serviços através das fronteiras. Com o advento da Inteligência Artificial (IA), registou-se uma transformação significativa na forma como as operações comerciais são conduzidas, conduzindo a uma maior eficiência, precisão e rapidez. As tecnologias de IA, como a aprendizagem automática, o processamento de linguagem natural e a análise preditiva, estão a revolucionar vários aspectos do comércio, desde a gestão da cadeia de abastecimento ao desalfandegamento. Este artigo explora o papel multifacetado da IA na melhoria da eficiência do comércio.

Uma das principais áreas em que a IA está a ter um impacto profundo na eficiência comercial é a gestão da cadeia de abastecimento. Tradicionalmente, as operações da cadeia de abastecimento envolvem redes complexas de fornecedores, fabricantes, distribuidores e retalhistas, levando a desafios como a gestão de inventários, a previsão da procura e a otimização logística. As soluções baseadas em IA estão a abordar estes desafios, tirando partido da análise de dados para prever padrões de procura, otimizar os níveis de inventário e simplificar as rotas logísticas.

Os algoritmos de aprendizagem automática analisam dados históricos de vendas, tendências de mercado e outros factores relevantes para gerar previsões de procura precisas. Ao prever com precisão a procura futura, as empresas podem otimizar os seus níveis de inventário, minimizar as rupturas de stock e reduzir os custos de detenção de inventário em excesso. Além disso, os sistemas de manutenção preditiva alimentados por IA podem antecipar falhas de equipamento e programar a manutenção de forma proactiva, minimizando o tempo de inatividade e as interrupções na cadeia de fornecimento.

Além disso, os algoritmos de otimização baseados em IA optimizam as operações logísticas, determinando as rotas mais rentáveis e eficientes para o transporte de mercadorias. Ao considerar factores como a distância, os modos de transporte, as condições de tráfego e os custos de combustível, estes algoritmos podem minimizar os custos de transporte, garantindo simultaneamente a entrega atempada das mercadorias. Além disso, os sistemas de otimização de rotas alimentados por IA podem ajustar dinamicamente as rotas em tempo real com base em condições variáveis, como perturbações meteorológicas ou congestionamento do tráfego, melhorando ainda mais a eficiência comercial.

Outra área em que a IA está a revolucionar a eficiência do comércio é o desalfandegamento e a conformidade. Os processos de desalfandegamento são muitas vezes demorados e propensos a erros, levando a atrasos e custos adicionais para as empresas. As soluções baseadas em IA estão a automatizar e a simplificar os procedimentos de desalfandegamento, tornando o processo mais rápido, mais preciso e menos complicado.

Os algoritmos de processamento de linguagem natural (PNL) permitem aos computadores compreender e processar a linguagem humana, permitindo às autoridades aduaneiras automatizar o processamento e a verificação de documentos. Ao analisar documentos de expedição, facturas e outros documentos relacionados com o comércio, os algoritmos de PNL podem identificar discrepâncias, assinalar transacções suspeitas e garantir a conformidade com os regulamentos de importação/exportação. Esta automatização não só acelera o processo de desalfandegamento, como também reduz o risco de erros e actividades fraudulentas.

Além disso, os sistemas de avaliação de risco baseados em IA podem analisar grandes quantidades de dados comerciais para identificar remessas de alto risco e dar prioridade às inspecções em conformidade. Ao concentrar os recursos nas remessas de alto risco, as autoridades aduaneiras podem melhorar a segurança sem atrasar indevidamente o desalfandegamento das remessas de baixo risco, aumentando assim a eficiência do comércio.

Além disso, as tecnologias de IA, como a cadeia de blocos, estão a revolucionar o financiamento do comércio, proporcionando um processamento de transacções seguro, transparente e eficiente. A tecnologia blockchain permite o registo seguro e inviolável das transacções comerciais, permitindo o rastreio e a verificação em tempo real dos bens ao longo da cadeia de abastecimento. Os contratos inteligentes, que são contratos auto-executáveis com os termos do acordo diretamente escritos no código, automatizam os processos de pagamento e liquidação, reduzindo a necessidade de intermediários e minimizando os custos de transação.

Além disso, os sistemas de deteção de fraude alimentados por IA analisam os dados comerciais para identificar padrões indicativos de actividades fraudulentas, tais como fraude de facturas, contrabando ou branqueamento de capitais. Ao sinalizar transacções suspeitas para investigação adicional, estes sistemas ajudam a evitar perdas financeiras e protegem as empresas de danos à reputação.

A IA está a desempenhar um papel transformador no aumento da eficiência do comércio em vários aspectos da cadeia de abastecimento, do desalfandegamento e do financiamento do comércio. Ao tirar partido da análise de dados, da aprendizagem automática e de outras tecnologias de IA, as empresas e os governos podem otimizar as suas operações comerciais, reduzir os custos e mitigar os riscos. À medida que a IA continua a progredir, espera-se que o seu impacto na eficiência do comércio aumente, abrindo caminho para um sistema de comércio global mais contínuo e integrado.

Influência da Inteligência Artificial nas Cadeias de Abastecimento Globais

No panorama contemporâneo do comércio, a cadeia de abastecimento global é a pedra angular da interconexão económica. Com o advento da Inteligência Artificial (IA), esta intrincada rede de produção, distribuição e logística sofre uma profunda transformação, dando início a uma era de eficiência, agilidade e resiliência sem precedentes. O impacto da IA nas cadeias de abastecimento globais repercute-se em todos os sectores, reformulando os paradigmas tradicionais e redefinindo os contornos da competitividade.

No centro da influência da IA está a sua capacidade de revolucionar os processos de tomada de decisão, otimizar a atribuição de recursos e melhorar a eficácia operacional nas cadeias de abastecimento. Através de algoritmos avançados, modelos de aprendizagem automática e análises preditivas, a IA permite que as partes interessadas antecipem as flutuações da procura, atenuem as perturbações da cadeia de abastecimento e simplifiquem a gestão do inventário. Ao tirar partido dos dados em tempo real, as empresas podem recalibrar os calendários de produção, otimizar as rotas de transporte e minimizar os prazos de entrega, aumentando assim a capacidade de resposta à dinâmica do mercado e às preferências dos clientes.

Além disso, a IA aumenta a resiliência da cadeia de abastecimento, reforçando os mecanismos de gestão do risco e permitindo estratégias adaptativas face a perturbações imprevistas. Por meio de algoritmos de manutenção preditiva, os sistemas orientados por IA identificam preventivamente falhas de equipamentos, reduzem o tempo de inatividade e aumentam a utilização de ativos, reforçando a robustez das infraestruturas da cadeia de suprimentos. Além disso, a análise preditiva baseada em IA permite que as organizações prevejam riscos geopolíticos, desastres naturais e outras externalidades, permitindo medidas proativas para salvaguardar a continuidade da cadeia de suprimentos e mitigar vulnerabilidades.

Para além dos seus benefícios operacionais, a IA catalisa uma mudança de paradigma na gestão da cadeia de abastecimento, promovendo a colaboração, a transparência e a inovação nas redes de valor globais. Ao integrar plataformas orientadas para a IA, as partes interessadas da cadeia de abastecimento podem orquestrar uma coordenação perfeita entre fornecedores, fabricantes, distribuidores e retalhistas, promovendo a sinergia e a agilidade nas operações da cadeia de abastecimento. Além disso, as soluções de rastreabilidade baseadas em IA aumentam a transparência da cadeia de abastecimento, permitindo que as partes interessadas acompanhem a proveniência dos produtos, autentiquem as certificações e garantam a conformidade com as normas regulamentares, promovendo assim a confiança e a sustentabilidade dos consumidores.

A IA também facilita o aparecimento de ecossistemas de cadeias de abastecimento autónomas, em que agentes inteligentes e sistemas robóticos colaboram de forma autónoma para executar tarefas com precisão, velocidade e escalabilidade. Através da implantação de veículos autónomos, drones e sistemas de automação robótica, as empresas agilizam as operações de armazém, aceleram o cumprimento de pedidos e otimizam o armazenamento de estoque, reduzindo assim os custos de mão de obra e aumentando a eficiência operacional. Além disso, os algoritmos de manutenção preditiva alimentados por IA permitem que as máquinas autónomas detetem preventivamente anomalias, programem atividades de manutenção e otimizem a utilização de recursos, garantindo operações ininterruptas e um tempo de inatividade mínimo.

Apesar de seu potencial transformador, a integração da IA nas cadeias de suprimentos globais exige previsão estratégica, investimento em infraestrutura digital e agilidade organizacional para navegar pelas complexidades da adoção tecnológica. Além disso, as preocupações relativas à privacidade dos dados, à cibersegurança e às implicações éticas sublinham a necessidade imperativa de quadros de governação robustos e de directrizes éticas para reger a utilização da IA nas operações da cadeia de abastecimento. Ao promover a colaboração entre as partes interessadas da indústria, os decisores políticos e o meio académico, as empresas podem aproveitar as capacidades transformadoras da IA para promover cadeias de abastecimento sustentáveis, resilientes e adaptáveis que satisfaçam as exigências da era digital.

O impacto da IA nas cadeias de abastecimento globais transcende a mera otimização dos processos operacionais; anuncia uma reimaginação fundamental dos paradigmas tradicionais da cadeia de abastecimento, dando início a uma era de eficiência, agilidade e resiliência sem precedentes. Ao aproveitar a análise preditiva da IA, os algoritmos de aprendizagem automática e os sistemas de automação robótica, as empresas podem melhorar a capacidade de resposta da cadeia de abastecimento, reforçar os mecanismos de gestão do risco e promover a colaboração em redes de valor globais. No entanto, a concretização de todo o potencial da IA na gestão da cadeia de abastecimento exige esforços concertados para enfrentar os desafios tecnológicos, regulamentares e éticos, assegurando que as cadeias de abastecimento impulsionadas pela IA permanecem equitativas, transparentes e sustentáveis na era digital.

Inteligência artificial na análise da política comercial e nas negociações

No mundo globalizado de hoje, as políticas comerciais desempenham um papel crucial na formação de cenários económicos, influenciando as relações internacionais e determinando a prosperidade das nações. Com os rápidos avanços tecnológicos, em particular no domínio da inteligência artificial (IA), a forma como as políticas comerciais são analisadas, formuladas e negociadas está a sofrer uma transformação significativa. A IA surgiu como uma ferramenta poderosa para os decisores políticos, economistas e negociadores melhorarem a sua compreensão da dinâmica comercial, preverem as tendências do mercado e optimizarem as estratégias de negociação.

A análise da política comercial baseou-se tradicionalmente em modelos econométricos, dados históricos e pareceres de peritos para avaliar os potenciais impactos das alterações políticas em vários indicadores económicos, como o crescimento do PIB, o emprego e as balanças comerciais. Embora estes métodos tenham sido úteis, implicam frequentemente cálculos e pressupostos complexos que podem limitar a sua exatidão e capacidade de resposta à evolução em tempo real. A IA, no entanto, oferece uma abordagem mais dinâmica e baseada em dados para a análise da política comercial, aproveitando o poder dos grandes volumes de dados, da aprendizagem automática e da análise preditiva.

Uma das principais aplicações da IA na análise da política comercial é o processamento e a análise de grandes quantidades de dados relacionados com o comércio. Estes incluem fluxos comerciais, taxas pautais, medidas não pautais, taxas de câmbio e indicadores económicos globais. Os algoritmos de IA podem analisar estes dados para identificar padrões, correlações e anomalias susceptíveis de informar as decisões políticas. Por exemplo, as técnicas de aprendizagem automática podem ser utilizadas para detetar padrões comerciais, como o aparecimento de novos parceiros comerciais ou mudanças na vantagem comparativa, o que pode ajudar os decisores políticos a antecipar as tendências do mercado e a ajustar as políticas comerciais em conformidade.

Além disso, a análise preditiva baseada em IA permite aos decisores políticos simular os potenciais impactos de diferentes cenários de política comercial antes de serem implementados. Ao executar simulações baseadas em dados históricos e modelos económicos, os decisores políticos podem avaliar os efeitos prováveis dos acordos comerciais, das alterações tarifárias ou das barreiras comerciais nas principais variáveis económicas. Isto permite-lhes tomar decisões mais informadas e mitigar potenciais riscos ou consequências não intencionais. Além disso, os algoritmos de IA podem otimizar os parâmetros da política comercial para atingir objectivos específicos, tais como maximizar o crescimento económico, minimizar os défices comerciais ou promover as indústrias nacionais.

No domínio das negociações comerciais, a IA oferece ferramentas valiosas para analisar e definir estratégias para as posições de negociação. Os algoritmos de processamento de linguagem natural (PNL) podem analisar grandes volumes de texto de acordos comerciais, transcrições de negociações e comunicações diplomáticas para identificar temas-chave, questões e posições de negociação. As técnicas de análise de sentimentos podem avaliar o tom e o sentimento da retórica da negociação, ajudando os negociadores a compreender a dinâmica do processo de negociação e a antecipar as posições das suas contrapartes.

Além disso, a modelação preditiva orientada para a IA pode avaliar os resultados prováveis de diferentes estratégias e cenários de negociação, permitindo aos negociadores conceber abordagens óptimas com base em dados objectivos e previsões probabilísticas. Por exemplo, os algoritmos de aprendizagem automática podem analisar dados históricos de negociação para identificar padrões de concessão, formação de coligações ou resolução de impasses, que podem informar as tácticas e estratégias de negociação. Além disso, os sistemas de recomendação baseados em IA podem fornecer aos negociadores orientações e conhecimentos em tempo real durante as negociações, sugerindo potenciais compromissos, compromissos ou soluções alternativas com base em análises preditivas.

Apesar dos seus potenciais benefícios, a integração da IA na análise e nas negociações da política comercial coloca também vários desafios e considerações. Uma das preocupações é a qualidade e a fiabilidade dos dados utilizados pelos algoritmos de IA, uma vez que as imprecisões ou os enviesamentos nas fontes de dados podem conduzir a análises e decisões incorrectas. Além disso, a complexidade e a natureza interdisciplinar das questões de política comercial exigem uma análise cuidadosa dos factores jurídicos, políticos, culturais e éticos que podem não ser totalmente captados pelos modelos de IA. Além disso, a utilização da IA nas negociações comerciais levanta questões sobre transparência, responsabilidade e governação democrática, uma vez que os sistemas automatizados de tomada de decisões podem não ter os mecanismos de transparência e responsabilidade inerentes aos processos tradicionais de elaboração de políticas.

No entanto, a crescente adoção da IA na análise e nas negociações da política comercial é extremamente promissora para melhorar a eficácia, a eficiência e a transparência da governação do comércio internacional. Ao tirar partido das tecnologias de IA, os decisores políticos e os negociadores podem obter informações mais aprofundadas sobre a dinâmica do comércio, antecipar as tendências do mercado e otimizar as estratégias de negociação para alcançar resultados mutuamente benéficos. Além disso, a IA pode facilitar um maior envolvimento das partes interessadas, a transparência e a inclusão no processo de elaboração de políticas comerciais, fornecendo aos decisores provas e análises baseadas em dados. À medida que a IA continua a evoluir e a amadurecer, é provável que o seu papel na definição do futuro da análise e das negociações da política comercial se expanda, oferecendo novas oportunidades para promover a cooperação e a prosperidade económicas globais.

O futuro da globalização num mundo orientado para a IA

Na sequência da Quarta Revolução Industrial, o mundo está a assistir a uma mudança de paradigma em vários aspectos da civilização humana, e a globalização está na vanguarda desta transformação. À medida que a inteligência artificial (IA) continua a permear todos os sectores e indústrias, está pronta a redefinir a dinâmica da globalização de formas sem precedentes. Este ensaio explora o futuro da globalização num mundo orientado para a IA, analisando as oportunidades, os desafios e os potenciais resultados que se avizinham.

A globalização, caracterizada pela interligação de economias, culturas e sociedades, tem sido uma força motriz do crescimento económico, da inovação e do intercâmbio cultural durante décadas. No entanto, o advento da IA introduz uma nova dimensão neste fenómeno, apresentando tanto oportunidades como desafios para as nações, as empresas e os indivíduos.

Um dos impactos mais significativos da IA na globalização é o seu papel na remodelação das cadeias de abastecimento globais. As tecnologias baseadas em IA, como a análise preditiva, a aprendizagem automática e os sistemas autónomos, permitem uma gestão mais eficiente e ágil da cadeia de abastecimento. As empresas podem otimizar os processos de produção, antecipar as flutuações da procura e minimizar os custos operacionais, o que leva a uma maior competitividade no mercado global. Além disso, a IA facilita a localização da produção através de robótica e automação avançadas, esbatendo as fronteiras tradicionais entre offshoring e onshoring. Esta tendência de localização pode potencialmente inverter a tendência de externalização e remodelar a geografia dos centros de produção em todo o mundo.

Além disso, as plataformas e os mercados digitais alimentados por IA têm o potencial de democratizar o comércio mundial, reduzindo os obstáculos à entrada das pequenas e médias empresas (PME). Através de algoritmos baseados em IA, as PME podem aceder aos mercados globais, identificar potenciais clientes e personalizar os seus produtos ou serviços para satisfazer diversas preferências culturais. Esta democratização do comércio promove a inclusão económica e permite que os empresários das economias emergentes participem ativamente na economia global.

No entanto, a proliferação da IA na globalização também apresenta desafios e riscos significativos que devem ser abordados de forma proactiva. Uma das principais preocupações é o agravamento da desigualdade económica dentro das nações e entre elas. À medida que as tecnologias de IA automatizam as tarefas de rotina e aumentam a mão de obra qualificada, podem beneficiar desproporcionadamente os proprietários de capital e os trabalhadores altamente qualificados, alargando o fosso entre ricos e pobres. Além disso, os países em desenvolvimento com acesso limitado às tecnologias de IA e às infra-estruturas digitais correm o risco de serem marginalizados na economia global, perpetuando as disparidades em termos de riqueza e desenvolvimento.

Outro desafio é a potencial erosão da diversidade cultural e da coesão social num mundo globalizado impulsionado pela IA. À medida que os algoritmos de IA impulsionam a recomendação personalizada de conteúdos e a homogeneização cultural nas plataformas digitais, existe o risco de diminuição do património e da identidade culturais. Além disso, as ferramentas de vigilância e censura baseadas em IA utilizadas por regimes autoritários representam uma ameaça à liberdade de expressão e aos direitos humanos, minando os princípios da democracia e do pluralismo.

Ao enfrentar estes desafios, os decisores políticos, as empresas e a sociedade civil devem adotar uma abordagem holística que equilibre a inovação tecnológica com considerações éticas e responsabilidade social. Os governos desempenham um papel crucial na regulação das aplicações de IA para garantir justiça, transparência e responsabilidade na globalização. A implementação de políticas que promovam o crescimento inclusivo, invistam em infra-estruturas digitais e proporcionem acesso à educação e formação em IA pode atenuar os riscos de desigualdade económica e de fratura digital.

Além disso, a cooperação internacional e os quadros multilaterais são essenciais para abordar as implicações transnacionais da IA na globalização. Os esforços de colaboração para estabelecer normas para a governação da IA, a privacidade dos dados e a cibersegurança podem promover a confiança e a cooperação entre as nações, salvaguardando simultaneamente a estabilidade e a segurança globais. Além disso, as iniciativas que promovem o intercâmbio cultural, a literacia digital e a compreensão intercultural podem preservar a diversidade cultural e promover a coesão social num mundo interligado.

Em última análise, o futuro da globalização num mundo impulsionado pela IA depende da nossa capacidade de aproveitar o potencial transformador da IA, atenuando simultaneamente os seus efeitos adversos na sociedade e no ambiente. Ao abraçar a inovação, promover a colaboração e defender os princípios éticos, podemos construir uma economia global mais inclusiva, sustentável e resiliente que beneficie todas as partes interessadas. À medida que navegamos pelos complexos desafios e oportunidades da era da IA, é imperativo dar prioridade aos valores centrados no ser humano e ao bem-estar coletivo na definição do futuro da globalização.

CAPÍTULO 8

IA e economia de consumo

Jyoti Kataria

Escola de Engenharia e Tecnologia

K. R. Mangalam University, Gurugram, Haryana, Índia

Sudesh Singh

Departamento de Informática

NIET, Greater Noida, Uttar Pradesh, Índia

Introdução

No mercado contemporâneo, compreender o comportamento do consumidor é imperativo para as empresas que se esforçam por se manterem competitivas e relevantes. A análise do comportamento do consumidor engloba um exame multifacetado dos factores que influenciam as decisões de compra, as preferências e as interacções dos consumidores com produtos e serviços. Nos últimos anos, a integração da inteligência artificial (IA) revolucionou a análise do comportamento do consumidor, permitindo às empresas aprofundar os conhecimentos dos consumidores e adaptar as suas estratégias em conformidade.

No centro da análise do comportamento do consumidor com base na IA estão os dados. Os algoritmos de IA tiram partido de grandes quantidades de dados estruturados e não estruturados, incluindo informações demográficas, histórico de compras, interacções online, atividade nas redes sociais e análise de sentimentos, para discernir padrões e tendências no comportamento do consumidor. Os algoritmos de aprendizagem automática, um subconjunto da IA, desempenham um papel central no processamento destes dados, identificando correlações e fazendo previsões sobre o comportamento futuro dos consumidores.

Uma das principais metodologias empregues na análise do comportamento do consumidor orientada para a IA é a análise preditiva. Ao analisar dados históricos, os algoritmos de IA podem prever as tendências, preferências e intenções de compra futuras dos consumidores com uma precisão notável. A análise preditiva permite às empresas antecipar as necessidades dos consumidores, adaptar as suas ofertas de produtos e otimizar as estratégias de marketing em conformidade. Por exemplo, as plataformas de comércio eletrónico utilizam sistemas de recomendação alimentados por IA para personalizar as recomendações de produtos com base no histórico individual de navegação e de compras, melhorando assim a experiência global de compras e impulsionando as vendas.

Além disso, a IA facilita a análise do comportamento dos consumidores em tempo real, permitindo às empresas captar e analisar dados instantaneamente. Os algoritmos de Processamento de Linguagem Natural (PNL) permitem a análise do sentimento das opiniões dos clientes e das interacções nas redes sociais, fornecendo informações valiosas sobre as percepções dos consumidores e o sentimento da marca. A análise de sentimentos permite às empresas responder prontamente às preocupações dos clientes, identificar tendências emergentes e avaliar a eficácia das campanhas de marketing em tempo real.

Outra aplicação fundamental da IA na análise do comportamento do consumidor é a segmentação do mercado. As abordagens tradicionais de segmentação categorizam os consumidores com base em factores demográficos como a idade, o sexo e o rendimento. No entanto, a IA permite uma segmentação mais granular, identificando padrões matizados no comportamento e nas preferências dos consumidores. Através de algoritmos de agrupamento e técnicas de aprendizagem não supervisionadas, a IA pode identificar segmentos de consumidores distintos com base em atributos comportamentais, como a frequência de compra, a fidelidade à marca e o nível de envolvimento. Esta segmentação diferenciada permite que as empresas adaptem as suas estratégias de marketing e ofertas de produtos a segmentos de consumidores específicos, maximizando assim a relevância e a eficácia.

Além disso, a análise do comportamento do consumidor com recurso à IA vai para além da compreensão do que os consumidores compram e do porquê de comprarem. As tecnologias de computação cognitiva, como os chatbots e os assistentes virtuais alimentados por IA, permitem às empresas interagir com os consumidores em conversas de linguagem natural, descobrindo informações mais profundas sobre as suas motivações, preferências e pontos fracos. Ao analisar os dados de conversação, as empresas podem obter informações qualitativas valiosas sobre o comportamento dos consumidores, permitindo-lhes aperfeiçoar os seus produtos, serviços e estratégias de marketing em conformidade.

A integração da IA na análise do comportamento do consumidor oferece uma infinidade de benefícios para as empresas, incluindo uma maior personalização, uma melhor tomada de decisões e uma maior eficiência operacional. A personalização está no centro da análise do comportamento do consumidor orientada para a IA, permitindo que as empresas forneçam experiências e recomendações personalizadas com base nas preferências individuais e no comportamento passado. Esta abordagem personalizada promove relações mais fortes com os clientes, aumenta a fidelidade à marca e impulsiona a repetição de compras.

Além disso, a IA permite às empresas tomar decisões baseadas em dados, fornecendo informações accionáveis derivadas de conjuntos de dados complexos. Ao tirar partido das ferramentas analíticas baseadas em IA, as empresas podem identificar tendências emergentes, otimizar campanhas de marketing e afetar recursos de forma mais eficaz. Além disso, a IA automatiza tarefas e processos repetitivos, libertando recursos humanos para se concentrarem em actividades de maior valor, como o desenvolvimento de estratégias e a inovação.

No entanto, a integração da IA na análise do comportamento dos consumidores também suscita considerações éticas e preocupações com a privacidade. A proliferação de ferramentas de recolha e análise de dados com base em IA aumentou as preocupações relativamente à privacidade do consumidor, à segurança dos dados e ao enviesamento algorítmico. As empresas devem dar prioridade à transparência, ao consentimento e à proteção de dados nas suas iniciativas de análise do comportamento dos consumidores baseadas na IA, para garantir uma utilização ética e responsável dos dados dos consumidores.

A Inteligência Artificial surgiu como um fator de mudança na análise do comportamento do consumidor, permitindo que as empresas obtenham conhecimentos mais profundos sobre as preferências, motivações e tendências dos consumidores. Através de análises preditivas, monitorização em tempo real, segmentação do mercado e análise de conversação, a IA permite às empresas personalizar experiências, otimizar estratégias e impulsionar o crescimento. No entanto, a adoção da IA na análise do comportamento do consumidor deve ser acompanhada de considerações éticas para salvaguardar a privacidade do consumidor e garantir uma utilização responsável dos dados. À medida que a IA continua a evoluir, o seu papel na compreensão e previsão do comportamento do consumidor tornar-se-á cada vez mais indispensável para moldar o futuro do comércio.

Marketing personalizado: A sinergia da IA e o envolvimento do cliente

O marketing personalizado tornou-se uma pedra angular das estratégias de marketing modernas, com o objetivo de proporcionar experiências personalizadas a consumidores individuais com base nas suas preferências, comportamentos e dados demográficos. No atual cenário competitivo, em que os consumidores são inundados por anúncios e informações, a personalização não é apenas uma vantagem competitiva; é uma necessidade para as empresas que procuram ultrapassar o ruído e estabelecer uma ligação eficaz com o seu público-alvo.

No centro do marketing personalizado está a integração de tecnologias de inteligência artificial (IA). A IA revolucionou a forma como os profissionais de marketing recolhem, analisam e utilizam os dados dos clientes para criar experiências hiper-personalizadas que ressoam com os consumidores individuais a um nível mais profundo do que nunca.

Um dos principais componentes do marketing personalizado alimentado por IA é a análise de dados. Os algoritmos de IA podem processar grandes quantidades de dados em tempo real, permitindo que os profissionais de marketing obtenham informações valiosas sobre o comportamento, as preferências e os padrões de compra dos clientes. Ao tirar partido da análise orientada para a IA, as empresas podem segmentar o seu público de forma mais eficaz, identificar tendências e prever comportamentos de compra futuros com um elevado grau de precisão.

A segmentação é essencial no marketing personalizado, pois permite que as empresas adaptem as suas mensagens e ofertas a segmentos de público específicos. Os algoritmos de IA podem analisar os dados dos clientes para identificar segmentos distintos com base em factores como dados demográficos, psicográficos, histórico de compras e comportamento de navegação. Esta segmentação granular permite aos profissionais de marketing criar campanhas altamente direccionadas que falam diretamente aos interesses e necessidades de cada segmento, aumentando a probabilidade de envolvimento e conversão.

Para além da segmentação, o marketing personalizado alimentado por IA permite a personalização dinâmica do conteúdo. Ao analisar os dados dos clientes em tempo real, os algoritmos de IA podem fornecer recomendações de conteúdos personalizados, recomendações de produtos e ofertas a consumidores individuais com base nas suas interacções anteriores com a marca. Por exemplo, um site de comércio eletrónico pode utilizar a IA para recomendar produtos aos clientes com base no seu histórico de navegação, histórico de compras e preferências, aumentando a probabilidade de conversão e de repetição de compras.

Além disso, a personalização impulsionada pela IA estende-se para além do domínio digital para o domínio do retalho físico. Com o advento de tecnologias como o reconhecimento facial e as etiquetas RFID, as lojas físicas podem agora proporcionar experiências de compra personalizadas semelhantes às oferecidas pelos gigantes do comércio eletrónico. Por exemplo, as lojas podem utilizar a IA para analisar os dados demográficos e as preferências dos clientes à medida que entram na loja e fornecer recomendações e promoções de produtos personalizadas através de sinalética digital e aplicações móveis.

Para além de melhorar o envolvimento do cliente e impulsionar as conversões, o marketing personalizado alimentado por IA também promove a fidelidade e a retenção do cliente. Ao fornecer mensagens e ofertas relevantes e oportunas, as empresas podem aprofundar a sua relação com os clientes e aumentar o seu valor vitalício. Além disso, a IA permite que os profissionais de marketing implementem modelos de análise preditiva que podem antecipar as necessidades dos clientes e abordá-las de forma proactiva, solidificando ainda mais a ligação entre a marca e o cliente.

No entanto, embora os benefícios do marketing personalizado e da IA sejam inegáveis, é essencial que as empresas abordem esta estratégia de forma ética e responsável. Com grande poder vem grande responsabilidade, e as empresas devem estar atentas às implicações de privacidade da recolha e utilização dos dados dos clientes. Práticas transparentes de recolha de dados, medidas robustas de segurança de dados e dar aos clientes controlo sobre os seus dados são elementos cruciais de uma estratégia ética de marketing personalizado.

Além disso, as empresas têm de garantir que os seus algoritmos de IA estão isentos de preconceitos e discriminação. Os modelos de IA são tão bons quanto os dados em que são treinados e, se os dados forem tendenciosos, as recomendações e decisões resultantes também serão tendenciosas. Por conseguinte, é imperativo que as empresas auditem regularmente os seus algoritmos de IA para detetar preconceitos e tomem medidas para mitigar quaisquer preconceitos que sejam identificados.

O marketing personalizado alimentado por IA tem o potencial de revolucionar a forma como as empresas se relacionam com os seus clientes. Ao tirar partido da análise, da segmentação e da personalização dinâmica de conteúdos com base em IA, as empresas podem proporcionar experiências altamente personalizadas que ressoam com os consumidores individuais e geram resultados significativos. No entanto, é essencial que as empresas abordem o marketing personalizado de forma ética e responsável, garantindo que a privacidade do cliente é respeitada e que os algoritmos de IA estão livres de preconceitos e discriminação. Com a estratégia e a tecnologia correctas, as empresas podem desbloquear todo o potencial do marketing personalizado e construir relações duradouras com os seus clientes na era digital.

Evolução da experiência do consumidor: O papel transformador da IA

No cenário em constante evolução da experiência do consumidor, a inteligência artificial (IA) é uma força formidável que está a remodelar a forma como as empresas interagem com os seus clientes. Desde recomendações personalizadas a um serviço ao cliente proactivo, as tecnologias de IA revolucionaram a forma como os consumidores interagem com as marcas em vários pontos de contacto.

A personalização baseada em IA está no centro da melhoria da experiência do consumidor. Através de algoritmos avançados e técnicas de aprendizagem automática, as empresas podem analisar grandes quantidades de dados dos consumidores para adaptar produtos, serviços e esforços de marketing às preferências individuais. Por exemplo, gigantes do comércio eletrónico como a Amazon utilizam a IA para fornecer recomendações personalizadas de produtos com base em compras anteriores, histórico de navegação e informações demográficas. Ao compreender as necessidades e preferências únicas de cada cliente, as empresas podem proporcionar experiências mais relevantes e envolventes, promovendo ligações mais fortes e fidelizando-os.

Outro aspeto fundamental da experiência do consumidor melhorada pela IA são as interfaces de conversação, como os chatbots e os assistentes virtuais. Estas ferramentas baseadas em IA permitem às empresas oferecer assistência instantânea e personalizada aos clientes, 24 horas por dia. Quer se trate de responder a questões sobre produtos, resolver problemas ou fornecer recomendações, os chatbots e os assistentes virtuais simplificam o processo de apoio ao cliente, garantindo um serviço rápido e eficiente. Além disso, as capacidades de processamento de linguagem natural (PNL) orientadas para a IA permitem que estas interfaces compreendam e respondam às questões dos clientes de uma forma semelhante à humana, melhorando a experiência global do cliente.

Além disso, a IA desempenha um papel crucial na otimização da experiência omnicanal para os consumidores. Com a proliferação de canais digitais, os consumidores esperam interacções perfeitas em vários pontos de contacto, quer se trate de um website, de uma aplicação móvel, de uma plataforma de redes sociais ou de uma loja física. As tecnologias de IA permitem às empresas unificar os dados dos clientes a partir de fontes díspares, permitindo uma visão holística do percurso de cada cliente. Ao tirar partido da análise baseada em IA, as empresas podem identificar padrões, prever o comportamento do consumidor e proporcionar experiências consistentes em todos os canais. Por exemplo, as marcas de retalho utilizam a IA para personalizar promoções e ofertas com base nas interacções online e offline dos clientes, criando uma experiência de compra coesa e personalizada.

Além disso, os motores de recomendação orientados para a IA transformaram a forma como os consumidores descobrem novos produtos e conteúdos. Ao analisar o comportamento anterior, as preferências e os dados contextuais, os sistemas de recomendação podem prever com exatidão o interesse provável dos clientes. As plataformas de streaming, como a Netflix e o Spotify, utilizam a IA para fazer recomendações de conteúdos personalizados, melhorando o envolvimento e a retenção dos utilizadores. Do mesmo modo, as plataformas de comércio eletrónico utilizam motores de recomendação para sugerir produtos relevantes, aumentando as taxas de conversão e o valor médio das encomendas. Através de recomendações baseadas em IA, as empresas podem fomentar descobertas por acaso, agradando aos clientes e conduzindo a compras repetidas.

Além disso, a IA melhora a conveniência e a eficiência da experiência do consumidor através da automatização e das capacidades de previsão. Por exemplo, a análise preditiva com base na IA permite às empresas antecipar as necessidades dos clientes e abordá-las de forma proactiva. As companhias aéreas utilizam a análise preditiva para prever a procura de voos e ajustar os preços dos bilhetes em conformidade, optimizando as receitas e garantindo preços competitivos para os consumidores. Da mesma forma, as empresas de partilha de boleias utilizam algoritmos de IA para prever a procura de passageiros e atribuir condutores de forma eficiente, reduzindo os tempos de espera dos passageiros. Ao aproveitar o poder da IA, as empresas podem simplificar os processos, minimizar os pontos de fricção e proporcionar experiências perfeitas que satisfazem ou excedem as expectativas dos clientes.

Além disso, a IA permite que as empresas personalizem os preços e as promoções de forma dinâmica com base nas preferências individuais, no historial de compras e nas condições de mercado. As companhias aéreas e os hotéis utilizam algoritmos de preços dinâmicos para ajustar as tarifas e os preços dos quartos em tempo real, maximizando as receitas e oferecendo preços competitivos aos consumidores. Da mesma forma, as marcas de retalho utilizam soluções de otimização de preços baseadas em IA para definir preços com base na procura, nos preços da concorrência e no comportamento dos clientes. Ao adaptar as estratégias de preços a clientes individuais e à dinâmica do mercado, as empresas podem otimizar as receitas e a rentabilidade, ao mesmo tempo que oferecem valor aos consumidores.

A IA surgiu como um fator de mudança na melhoria da experiência do consumidor em todos os sectores. Desde recomendações personalizadas e interfaces de conversação até à otimização omnicanal e análise preditiva, as tecnologias de IA estão a remodelar a forma como as empresas se relacionam com os seus clientes. Ao tirar partido das capacidades e dos insights orientados para a IA, as empresas podem proporcionar experiências perfeitas, personalizadas e convenientes que impulsionam a satisfação e a lealdade do cliente e, em última análise, o sucesso do negócio. À medida que a IA continua a evoluir, o seu potencial para melhorar a experiência do consumidor só irá aumentar, apresentando novas oportunidades de inovação e diferenciação no mercado competitivo.

Preocupações com a privacidade e proteção dos consumidores

No panorama em rápida evolução da inteligência artificial (IA), a proliferação de algoritmos avançados e de tecnologias baseadas em dados suscitou preocupações significativas relativamente à privacidade e à proteção dos consumidores. À medida que os sistemas de IA se integram cada vez mais em várias facetas da vida quotidiana, desde recomendações personalizadas a processos automatizados de tomada de decisões, a necessidade de salvaguardar os direitos de privacidade individuais e garantir uma proteção sólida dos consumidores tornou-se mais urgente do que nunca.

No centro da discussão em torno da IA e da privacidade estão os vastos conjuntos de dados que alimentam estes sistemas inteligentes. Os algoritmos de IA baseiam-se fortemente em grandes conjuntos de dados para aprender e fazer previsões, muitas vezes a partir de diversas fontes, como informações pessoais, histórico de navegação, atividade nas redes sociais e até dados biométricos. Embora estes dados tenham um potencial imenso para impulsionar a inovação e fornecer serviços personalizados, também representam riscos profundos para a privacidade individual quando são mal tratados ou explorados.

Uma das principais preocupações em torno da IA e da privacidade é a questão da proteção de dados. À medida que os sistemas de IA recolhem, analisam e processam grandes quantidades de dados pessoais, existe um risco acrescido de violações de dados, acesso não autorizado e utilização indevida. O escândalo da Cambridge Analytica, em que milhões de dados de utilizadores do Facebook foram recolhidos sem consentimento para fins de publicidade política, serve como um forte lembrete das potenciais consequências de práticas de privacidade de dados pouco rigorosas. Para responder a estas preocupações, os decisores políticos de todo o mundo promulgaram regulamentos rigorosos de proteção de dados, como o Regulamento Geral de Proteção de Dados (RGPD) da União Europeia e a Lei de Privacidade do Consumidor da Califórnia (CCPA), com o objetivo de dar aos indivíduos um maior controlo sobre os seus dados pessoais e responsabilizar as organizações pelo seu tratamento adequado.

Além disso, a natureza opaca de muitos algoritmos de IA coloca desafios à transparência e à responsabilização. Ao contrário dos processos de decisão tradicionais, em que o raciocínio subjacente a uma decisão pode muitas vezes ser explicado ou auditado, os sistemas de IA funcionam frequentemente como "caixas negras", tornando difícil compreender como chegam às suas conclusões. Esta falta de transparência não só mina a confiança nos sistemas de IA, como também levanta questões sobre equidade, parcialidade e discriminação. Por exemplo, dados de formação tendenciosos ou algoritmos defeituosos podem perpetuar as desigualdades existentes ou discriminar inadvertidamente certos grupos demográficos, amplificando as injustiças sociais e corroendo a confiança dos consumidores.

Em resposta a estes desafios, os investigadores e os decisores políticos estão a concentrar-se cada vez mais no desenvolvimento de técnicas de IA explicável (XAI), que visam tornar os sistemas de IA mais transparentes e interpretáveis. Ao fornecer informações sobre o funcionamento interno dos algoritmos de IA e os factores que influenciam as suas decisões, a XAI pode ajudar a atenuar as preocupações relacionadas com o preconceito, a discriminação e a responsabilização. Técnicas como as auditorias algorítmicas, os métodos de interpretabilidade de modelos e a aprendizagem automática consciente da equidade estão a ser ativamente exploradas para aumentar a transparência e a equidade dos sistemas de IA, reforçando assim a confiança dos consumidores.

Outro aspeto crítico da privacidade na era da IA é a crescente prevalência de tecnologias de vigilância e práticas invasivas de recolha de dados. Desde sistemas de reconhecimento facial e vigilância biométrica a dispositivos domésticos inteligentes e sensores IoT, a proliferação da vigilância com base na IA suscitou debates sobre o equilíbrio entre segurança e privacidade, direitos individuais e valores sociais. As preocupações com a vigilância em massa, o excesso de poder do governo e a erosão das liberdades civis levaram a apelos a uma maior supervisão regulamentar, transparência e responsabilidade na implantação de tecnologias de vigilância.

Além disso, a mercantilização dos dados pessoais e a ascensão do capitalismo de vigilância vieram complicar ainda mais o panorama da privacidade e da proteção dos consumidores. Os gigantes da tecnologia e os corretores de dados recolhem, analisam e rentabilizam regularmente grandes quantidades de informações pessoais, muitas vezes sem o consentimento explícito ou o conhecimento dos indivíduos. Este modelo de negócio baseado em dados, caracterizado por publicidade direccionada, micro-direcionamento e manipulação comportamental, suscitou preocupações éticas sobre a exploração dos dados dos consumidores para fins lucrativos e a erosão dos direitos de privacidade.

Tendo em conta estes desafios, é imperativo adotar uma abordagem holística da privacidade e da proteção dos consumidores na era da IA. Esta abordagem deve englobar quadros legais robustos, salvaguardas tecnológicas, directrizes éticas e medidas proactivas para capacitar os indivíduos com maior controlo sobre os seus dados pessoais e garantir a responsabilidade e transparência na implantação de sistemas de IA. Do ponto de vista regulamentar, os decisores políticos devem continuar a reforçar as leis de proteção de dados, a aplicar requisitos de conformidade rigorosos e a impor sanções significativas em caso de violação.

Além disso, as organizações e os criadores de IA devem dar prioridade aos princípios da privacidade desde a conceção, incorporar salvaguardas de privacidade na conceção e desenvolvimento de sistemas de IA e realizar avaliações exaustivas do impacto na privacidade para identificar e mitigar potenciais riscos. Ao integrar considerações de privacidade em todas as fases do ciclo de vida da IA, desde a recolha e processamento de dados até à implementação e avaliação de modelos, as partes interessadas podem promover uma cultura de IA responsável e defender os princípios fundamentais de privacidade, justiça e respeito pelos direitos individuais.

A intersecção da IA e da privacidade apresenta oportunidades e desafios para os consumidores, as empresas e a sociedade em geral. Embora a IA seja uma promessa imensa para impulsionar a inovação, melhorar a eficiência e melhorar as experiências dos consumidores, também apresenta riscos significativos para a privacidade individual e a proteção de dados. Ao abordar as preocupações com a privacidade de forma proactiva, adoptando práticas de IA transparentes e responsáveis e promovendo uma cultura de responsabilidade ética, podemos aproveitar o potencial transformador da IA, salvaguardando simultaneamente os direitos de privacidade e a dignidade dos indivíduos na era digital.

CAPÍTULO 9

IA na economia dos cuidados de saúde

Jyoti Kataria

Escola de Engenharia e Tecnologia

K. R. Mangalam University, Gurugram, Haryana, Índia

Vijay Singh

Escola de Engenharia e Tecnologia Amity

Universidade de Amity, Noida, UP, Índia

Introdução

Nos últimos anos, a integração da inteligência artificial (IA) nos cuidados de saúde transformou significativamente o panorama das práticas médicas, revolucionando a forma como os serviços de saúde são prestados, geridos e optimizados. Este avanço tecnológico não só trouxe melhorias notáveis nos cuidados aos doentes, como também teve implicações económicas substanciais para os sistemas de saúde em todo o mundo.

O impacto económico da IA nos cuidados de saúde pode ser visto através de várias lentes, abrangendo poupanças de custos, ganhos de eficiência, geração de receitas e sustentabilidade global do sistema de saúde. Ao tirar partido de tecnologias baseadas em IA, como a aprendizagem automática, o processamento de linguagem natural e a análise preditiva, os prestadores de cuidados de saúde conseguiram simplificar as operações, aumentar a precisão dos diagnósticos, personalizar os planos de tratamento e melhorar os resultados dos doentes, o que contribui para benefícios económicos significativos.

Uma das principais vantagens económicas da IA nos cuidados de saúde reside no seu potencial para otimizar a utilização de recursos e reduzir os custos operacionais. As soluções baseadas em IA automatizam as tarefas administrativas, simplificam os processos de fluxo de trabalho e optimizam a atribuição de recursos, conduzindo a uma maior eficiência operacional e à redução dos custos laborais. Por exemplo, os sistemas alimentados por IA podem automatizar funções administrativas de rotina, como a marcação de consultas, a faturação e a codificação, libertando tempo valioso para que os profissionais de saúde se concentrem nos cuidados aos doentes. Além disso, a análise preditiva com recurso à IA pode ajudar as organizações de cuidados de saúde a antecipar as necessidades dos pacientes, otimizar a gestão de camas e reduzir as admissões hospitalares desnecessárias, resultando em poupanças substanciais de custos e na otimização de recursos.

Além disso, a IA demonstrou a sua capacidade para melhorar a precisão do diagnóstico e a eficácia do tratamento, conduzindo a intervenções mais precisas e atempadas, o que, em última análise, se traduz em poupanças de custos e melhores resultados para os doentes. As ferramentas de diagnóstico alimentadas por IA podem analisar grandes quantidades de dados médicos, incluindo o historial do doente, resultados laboratoriais, estudos imagiológicos e informações genéticas, para identificar padrões, detetar anomalias e fazer previsões precisas relativamente ao risco e à progressão da doença. Ao tirar partido destas informações, os prestadores de cuidados de saúde podem diagnosticar doenças mais cedo, adaptar os planos de tratamento às necessidades individuais dos doentes e minimizar o risco de erros médicos, reduzindo assim os custos dos cuidados de saúde associados a procedimentos desnecessários, hospitalizações e complicações.

Além disso, a medicina personalizada impulsionada pela IA é extremamente promissora para melhorar os resultados dos tratamentos e, simultaneamente, reduzir as despesas com os cuidados de saúde. A medicina personalizada utiliza algoritmos de IA para analisar dados genéticos, moleculares e clínicos para prever a resposta de um indivíduo a tratamentos e terapias específicos, permitindo que os prestadores de cuidados de saúde prescrevam intervenções direccionadas que sejam mais eficazes e menos susceptíveis de causar reacções adversas. Ao evitar abordagens de tentativa e erro e ao otimizar a eficácia do tratamento, a medicina personalizada pode ajudar a reduzir os custos dos cuidados de saúde associados a tratamentos ineficazes, readmissões hospitalares e reacções adversas a medicamentos, melhorando simultaneamente a satisfação e a qualidade de vida dos doentes.

Para além da poupança de custos e dos ganhos de eficiência, a IA nos cuidados de saúde tem o potencial de gerar novos fluxos de receitas e impulsionar o crescimento económico através da inovação e do empreendedorismo. A procura crescente de soluções de cuidados de saúde baseadas em IA estimulou o investimento e a inovação no sector das tecnologias da saúde, conduzindo ao desenvolvimento de novos produtos e serviços baseados em IA que respondem a necessidades clínicas não satisfeitas e melhoram os cuidados prestados aos doentes. Além disso, a adoção da IA nos cuidados de saúde criou oportunidades para novos modelos de negócio e parcerias, tais como plataformas de telemedicina, soluções de monitorização remota de doentes e serviços de diagnóstico baseados em IA, que têm o potencial de gerar receitas e criar emprego no sector dos cuidados de saúde.

No entanto, apesar dos numerosos benefícios económicos da IA nos cuidados de saúde, é necessário abordar vários desafios e considerações para maximizar o seu potencial impacto e garantir um acesso equitativo às soluções de cuidados de saúde baseadas na IA. Um dos principais desafios é a integração da IA nos sistemas de saúde e fluxos de trabalho existentes, o que exige um investimento significativo em infra-estruturas, formação e gestão da mudança. Além disso, as preocupações relacionadas com a privacidade dos dados, a segurança e a conformidade regulamentar devem ser cuidadosamente abordadas para mitigar os riscos e garantir a confiança dos doentes nas soluções de cuidados de saúde baseadas em IA.

Além disso, a distribuição equitativa das tecnologias e serviços de saúde baseados na IA é essencial para evitar o agravamento das disparidades e desigualdades existentes no domínio dos cuidados de saúde. Embora a IA tenha o potencial de melhorar o acesso aos serviços de saúde, existe o risco de alargar o fosso entre os que podem pagar os cuidados de saúde baseados na IA e os que não podem, exacerbando assim as disparidades existentes no acesso aos cuidados de saúde e nos resultados. Por conseguinte, os decisores políticos, os prestadores de cuidados de saúde e os criadores de tecnologia devem trabalhar em conjunto para garantir que as soluções de cuidados de saúde baseadas na IA sejam acessíveis, económicas e inclusivas para todos os segmentos da população.

O impacto económico da IA nos cuidados de saúde é profundo e multifacetado, abrangendo poupanças de custos, ganhos de eficiência, geração de receitas e inovação. Ao tirar partido das tecnologias baseadas em IA para otimizar a utilização de recursos, melhorar a precisão dos diagnósticos, personalizar os planos de tratamento e impulsionar a inovação, os sistemas de saúde podem obter benefícios económicos significativos, melhorando simultaneamente os resultados para os doentes e a qualidade dos cuidados. No entanto, para concretizar todo o potencial da IA nos cuidados de saúde, é necessário enfrentar os desafios relacionados com as infra-estruturas, a privacidade dos dados, a conformidade regulamentar e as disparidades nos cuidados de saúde, a fim de garantir a todos um acesso equitativo às soluções de cuidados de saúde baseadas na IA.

Gestão de recursos de cuidados de saúde com inteligência artificial

No domínio dos cuidados de saúde, a atribuição e gestão eficientes dos recursos são cruciais para garantir a qualidade dos cuidados prestados aos doentes, otimizar os processos operacionais e controlar os custos. Com o advento da inteligência artificial (IA), a gestão de recursos de cuidados de saúde sofreu uma profunda transformação, revolucionando a forma como as instalações de cuidados de saúde funcionam e prestam serviços.

Compreender a gestão dos recursos dos cuidados de saúde: A gestão de recursos de cuidados de saúde engloba vários aspectos, incluindo a programação da força de trabalho, a utilização de equipamento, a gestão de inventário, a manutenção das instalações e a otimização do fluxo de doentes. Tradicionalmente, estas tarefas têm sido de mão de obra intensiva e propensas a ineficiências, conduzindo a problemas como a falta de pessoal, o tempo de inatividade do equipamento, a escassez de fornecimentos e os tempos de espera dos doentes.

O papel da IA na gestão de recursos de cuidados de saúde: As tecnologias de IA, como a aprendizagem automática, o processamento de linguagem natural e a análise preditiva, oferecem capacidades avançadas para analisar grandes quantidades de dados, identificar padrões, fazer previsões e automatizar processos de tomada de decisões. No contexto da gestão de recursos de cuidados de saúde, a IA permite que as instalações optimizem a atribuição de recursos, simplifiquem as operações, melhorem os resultados para os doentes e aumentem a eficiência global.

Aplicações da IA na gestão de recursos de cuidados de saúde

Otimização da força de trabalho: Os sistemas de gestão da força de trabalho alimentados por IA analisam dados históricos, horários do pessoal, padrões de procura dos pacientes e requisitos de pessoal para otimizar os níveis de pessoal, atribuir recursos de forma eficiente, minimizar as horas extraordinárias e garantir uma cobertura adequada entre departamentos e turnos.

Manutenção de equipamentos: As soluções de manutenção preditiva baseadas em IA monitorizam o desempenho e a saúde do equipamento médico em tempo real, identificam potenciais falhas ou necessidades de manutenção, programam tarefas de manutenção de forma proactiva e minimizam o tempo de inatividade do equipamento, optimizando assim a utilização de recursos e prolongando a vida útil do equipamento.

Gestão de inventário: Os sistemas de gestão de inventário baseados em IA tiram partido da análise preditiva para prever a procura, otimizar os níveis de inventário, automatizar os processos de reabastecimento, reduzir as rupturas de stock e o excesso de inventário, minimizar o desperdício e garantir a disponibilidade atempada de consumíveis, medicamentos e dispositivos médicos.

Otimização do fluxo de pacientes: Os algoritmos de IA analisam os dados dos pacientes, os padrões de admissão/alta, a disponibilidade de camas e a utilização de recursos para otimizar o fluxo de pacientes, reduzir os tempos de espera, aliviar a sobrelotação, melhorar as taxas de rotação das camas e melhorar a experiência geral do paciente.

Atribuição de recursos: Os sistemas de apoio à decisão baseados em IA ajudam os administradores de cuidados de saúde a afetar recursos, como pessoal, equipamento e instalações, com base em dados em tempo real, níveis de acuidade dos doentes, prioridades clínicas e restrições de recursos, melhorando assim a utilização dos recursos e a eficiência operacional.

Benefícios da IA na gestão de recursos de cuidados de saúde

Eficiência melhorada: A IA automatiza tarefas repetitivas, optimiza a atribuição de recursos e reduz os erros manuais, conduzindo a uma maior eficiência operacional e produtividade.

Poupança de custos: Ao minimizar o desperdício de recursos, reduzir as horas extraordinárias e evitar avarias no equipamento, a IA ajuda as instalações de cuidados de saúde a reduzir os custos operacionais e a conseguir poupanças significativas.

Melhoria dos cuidados prestados aos doentes: A gestão optimizada dos recursos assegura o acesso atempado aos cuidados, reduz os tempos de espera, melhora o fluxo de doentes e melhora a qualidade e a segurança da prestação de cuidados aos doentes.

Percepções preditivas: A análise baseada em IA fornece informações accionáveis sobre tendências de utilização de recursos, padrões de procura e métricas de desempenho, permitindo a tomada de decisões proactivas e o planeamento estratégico.

Satisfação do pessoal: Ao otimizar os níveis de pessoal, reduzir a carga de trabalho e melhorar o equilíbrio entre a vida profissional e pessoal, a IA contribui para uma maior satisfação, envolvimento e taxas de retenção do pessoal.

Desafios e considerações

Embora a IA ofereça um enorme potencial para transformar a gestão dos recursos de cuidados de saúde, há que ter em conta vários desafios e considerações:

Privacidade e segurança dos dados: Os sistemas de IA requerem o acesso a dados sensíveis dos doentes, o que suscita preocupações quanto à privacidade, confidencialidade e segurança dos dados.

Complexidade da integração: A integração de soluções de IA com os sistemas e fluxos de trabalho de TI dos cuidados de saúde existentes pode colocar desafios relacionados com a interoperabilidade, a integração de dados e a compatibilidade dos sistemas.

Questões éticas e regulamentares: A utilização da IA nas decisões de afetação de recursos suscita considerações éticas relacionadas com a equidade, a transparência, a responsabilidade e a atenuação de preconceitos.

Colaboração homem-IA: A utilização eficaz da IA na gestão dos recursos de cuidados de saúde exige a colaboração entre os sistemas de IA e os intervenientes humanos, incluindo os administradores de cuidados de saúde, os clínicos e o pessoal da linha da frente.

Competências e formação: Os profissionais de saúde precisam de formação e apoio para utilizar eficazmente as ferramentas de IA, interpretar as informações geradas pela IA e tomar decisões informadas com base nas recomendações da IA.

Implicações futuras

Olhando para o futuro, a integração da IA na gestão de recursos de cuidados de saúde está preparada para ter implicações de grande alcance, incluindo:

Inovação contínua: Os avanços nas tecnologias de IA, como a aprendizagem profunda, a aprendizagem por reforço e os sistemas autónomos, impulsionarão a inovação na gestão dos recursos de saúde.

Atribuição personalizada de recursos: As abordagens de medicina personalizada com recurso à IA estender-se-ão à atribuição de recursos, permitindo que os estabelecimentos de saúde adaptem as decisões de atribuição de recursos às necessidades e preferências individuais dos doentes.

Ecossistemas de colaboração: As organizações de cuidados de saúde, os fornecedores de tecnologia, os investigadores e os decisores políticos irão colaborar no desenvolvimento de soluções baseadas em IA para enfrentar os desafios emergentes e otimizar a gestão de recursos em todo o continuum dos cuidados de saúde.

Quadros éticos: Serão estabelecidos quadros éticos e orientações para reger a utilização responsável da IA na gestão dos recursos de cuidados de saúde, garantindo a equidade, a transparência, a responsabilização e os cuidados centrados no doente.

A IA é extremamente promissora para revolucionar a gestão dos recursos dos cuidados de saúde, optimizando a programação da força de trabalho, a manutenção do equipamento, a gestão do inventário, o fluxo de doentes e a atribuição de recursos. Embora a IA ofereça inúmeros benefícios, é essencial enfrentar os desafios relacionados com a privacidade dos dados, a complexidade da integração, as considerações éticas, a colaboração entre humanos e a IA e o desenvolvimento de competências para concretizar todo o seu potencial na gestão dos recursos de cuidados de saúde. Ao adotar inovações baseadas na IA e ao promover ecossistemas de colaboração, as organizações de cuidados de saúde podem abrir caminho a um sistema de cuidados de saúde mais eficiente, eficaz e equitativo.

Análise custo-benefício das soluções de cuidados de saúde baseadas em IA

Nos últimos anos, o sector dos cuidados de saúde tem assistido a uma mudança transformadora com a integração da inteligência artificial (IA) em vários aspectos dos cuidados, diagnóstico, tratamento e processos administrativos dos doentes. Este avanço tecnológico trouxe melhorias significativas em termos de eficiência, precisão e resultados para os doentes. No entanto, a adoção de soluções de cuidados de saúde orientadas para a IA tem custos e benefícios associados que exigem uma avaliação cuidadosa.

Compreender as soluções de cuidados de saúde baseadas em IA: As soluções de cuidados de saúde baseadas em IA abrangem uma vasta gama de aplicações, incluindo a análise de imagens médicas, a análise preditiva, a medicina personalizada, os assistentes de saúde virtuais e a automatização administrativa. Estas soluções utilizam algoritmos de aprendizagem automática, processamento de linguagem natural e outras técnicas de IA para processar grandes quantidades de dados de cuidados de saúde, extrair conhecimentos significativos e apoiar a tomada de decisões clínicas.

Custos associados à implementação da IA: A implementação de soluções de cuidados de saúde orientadas para a IA implica vários custos, incluindo o investimento inicial em infra-estruturas tecnológicas, desenvolvimento de software, formação de pessoal e manutenção e apoio contínuos. As organizações de cuidados de saúde poderão ter de afetar recursos financeiros significativos para adquirir sistemas de IA, integrá-los nos fluxos de trabalho existentes e garantir a conformidade com as normas regulamentares, como a HIPAA (Health Insurance Portability and Accountability Act). Além disso, existem custos indirectos associados a potenciais perturbações do fluxo de trabalho durante a fase de implementação e à necessidade de monitorização e actualizações contínuas para garantir um desempenho ótimo.

Benefícios das soluções de cuidados de saúde baseadas em IA: Apesar dos custos iniciais, as soluções de cuidados de saúde baseadas em IA oferecem uma miríade de benefícios que podem, em última análise, compensar o investimento. Uma das vantagens mais significativas é o potencial para melhorar a precisão do diagnóstico e a eficácia do tratamento. Os algoritmos de IA podem analisar imagens médicas, registos de pacientes e dados genómicos com uma velocidade e precisão inigualáveis, ajudando os prestadores de cuidados de saúde a fazer diagnósticos mais exactos e planos de tratamento personalizados. Isto pode levar a melhores resultados para os doentes, à redução de erros médicos e a custos de saúde mais baixos associados a diagnósticos incorrectos ou tratamentos ineficazes.

Além disso, a análise preditiva baseada em IA pode ajudar a identificar pacientes de alto risco, prever a progressão da doença e recomendar intervenções preventivas, permitindo assim uma gestão proactiva e rentável dos cuidados de saúde. Além disso, a automatização administrativa baseada em IA pode simplificar processos como a marcação de consultas, a faturação e o processamento de pedidos de reembolso, reduzindo as despesas administrativas e melhorando a eficiência operacional.

Quantificação de custos e benefícios: A realização de uma análise custo-benefício abrangente das soluções de cuidados de saúde baseadas em IA requer uma consideração cuidadosa dos factores tangíveis e intangíveis. Os custos tangíveis incluem despesas directas relacionadas com a aquisição, implementação e manutenção de tecnologia, bem como potenciais poupanças resultantes de ganhos de eficiência, redução de erros médicos e despesas de saúde evitadas. Os benefícios intangíveis, como a melhoria da satisfação dos doentes, a melhoria da tomada de decisões clínicas e o aumento da produtividade, são mais difíceis de quantificar, mas são, no entanto, essenciais para avaliar a proposta de valor global da implementação da IA.

Além disso, é crucial avaliar o impacto a longo prazo das soluções de cuidados de saúde baseadas em IA na prestação de cuidados de saúde, na dinâmica da força de trabalho e nos resultados dos doentes. Embora os investimentos iniciais possam parecer substanciais, o potencial de redução de custos a longo prazo, a melhoria da qualidade dos cuidados e a gestão da saúde da população não devem ser negligenciados. Além disso, devem ser feitas considerações sobre a escalabilidade e sustentabilidade das soluções de IA, garantindo que os benefícios continuem a superar os custos ao longo do tempo.

Estudos de casos e exemplos do mundo real: Vários estudos de caso e exemplos do mundo real ilustram a relação custo-eficácia e a utilidade clínica das soluções de cuidados de saúde baseadas em IA em diferentes contextos e especialidades de cuidados de saúde. Por exemplo, os algoritmos de imagiologia médica alimentados por IA demonstraram um desempenho superior na deteção de anomalias e na assistência a radiologistas na interpretação de imagens de diagnóstico, conduzindo a diagnósticos mais precisos e a taxas de readmissão reduzidas. Do mesmo modo, os modelos de análise preditiva demonstraram identificar os pacientes em risco de desenvolver doenças crónicas ou de sofrer eventos adversos, permitindo intervenções proactivas e poupanças de custos através de iniciativas de cuidados preventivos.

A análise custo-benefício das soluções de cuidados de saúde baseadas em IA é um processo complexo mas essencial para avaliar a sua viabilidade económica e o seu impacto social. Embora os custos iniciais de implementação possam ser significativos, os potenciais benefícios em termos de melhores resultados para os doentes, poupança de custos e eficiência operacional justificam o investimento. No entanto, é crucial realizar uma avaliação exaustiva dos factores tangíveis e intangíveis, tendo em conta as implicações a longo prazo e a escalabilidade das soluções de IA. Ao tirar partido de todo o potencial da IA, as organizações de cuidados de saúde podem impulsionar a inovação, melhorar a qualidade dos cuidados e, em última análise, transformar a prestação de serviços de cuidados de saúde para o bem da sociedade.

Estudos de casos de aplicações de IA na economia dos cuidados de saúde

Nos últimos anos, o sector dos cuidados de saúde tem assistido a uma onda de transformação com a integração da inteligência artificial (IA) em várias facetas das suas operações. Desde a melhoria dos resultados dos doentes até à otimização da atribuição de recursos, a IA demonstrou o seu potencial para revolucionar a economia dos cuidados de saúde.

Estudo de caso 1: Análise preditiva para taxas de readmissão hospitalar

Uma aplicação notável da IA na economia dos cuidados de saúde é a utilização da análise preditiva para prever as taxas de readmissão hospitalar. As readmissões hospitalares não só implicam custos significativos, como também indicam lacunas na coordenação e gestão dos cuidados. Num estudo realizado por investigadores de um grande hospital urbano, foram utilizados algoritmos de IA para analisar os registos de saúde electrónicos (EHR) dos doentes, a fim de prever a probabilidade de readmissão no prazo de 30 dias após a alta. Tirando partido de técnicas de aprendizagem automática, incluindo o processamento de linguagem natural (PNL) e a aprendizagem profunda, o modelo identificou com êxito os doentes de alto risco com uma taxa de precisão superior a 85%. Como resultado, o hospital implementou intervenções direccionadas, como cuidados de acompanhamento pós-alta e programas de educação dos doentes, o que levou a uma redução notável das taxas de readmissão e das despesas de saúde associadas.

Estudo de caso 2: Afetação de recursos de cuidados de saúde com base em IA

A otimização da atribuição de recursos é um aspeto crítico da economia dos cuidados de saúde, garantindo a utilização eficiente de recursos limitados e mantendo a qualidade dos cuidados prestados aos doentes. Num estudo de caso realizado por uma rede regional de cuidados de saúde, foram utilizados algoritmos alimentados por IA para analisar dados de pacientes, incluindo dados demográficos, historial clínico e prevalência de doenças, para otimizar a atribuição de recursos em várias instalações de cuidados de saúde. Ao utilizar técnicas de modelação e otimização preditivas, o sistema atribuiu dinamicamente recursos como camas de hospital, equipamento médico e pessoal com base na procura em tempo real e nos níveis de acuidade dos doentes. Como resultado, a rede de cuidados de saúde conseguiu poupanças de custos significativas, minimizando o desperdício de recursos e reduzindo os tempos de espera dos doentes, melhorando, em última análise, a eficiência operacional e a satisfação dos doentes.

Estudo de caso 3: Planeamento de tratamento personalizado com IA

A ascensão da medicina de precisão abriu novos caminhos para o planeamento de tratamentos personalizados, tirando partido da IA para adaptar as intervenções médicas às necessidades individuais dos doentes. Num estudo inovador realizado por investigadores de um centro médico académico de renome, foram utilizados algoritmos de IA para analisar dados genómicos, biomarcadores clínicos e resultados de tratamentos para desenvolver planos de tratamento personalizados para doentes com cancro. Ao integrar dados específicos do paciente com directrizes clínicas e práticas baseadas em evidências, o sistema alimentado por IA gerou regimes de tratamento optimizados que maximizaram a eficácia, minimizando os efeitos adversos e os custos dos cuidados de saúde. Além disso, o sistema aprendeu continuamente com os resultados do tratamento no mundo real para refinar suas recomendações, garantindo a adaptação contínua às necessidades dos pacientes e aos paradigmas de tratamento em evolução.

Estudo de caso 4: Deteção de fraude nos cuidados de saúde assistida por IA

A fraude nos cuidados de saúde continua a ser um desafio significativo, contribuindo para milhares de milhões de dólares em perdas financeiras anualmente. Num esforço para combater a fraude e o abuso, os pagadores de cuidados de saúde têm vindo a recorrer cada vez mais a soluções baseadas em IA para detetar actividades fraudulentas e padrões de faturação irregulares. Num estudo de caso realizado por um fornecedor nacional de seguros de saúde, foram implementados algoritmos de IA para analisar dados de reclamações, perfis de fornecedores e padrões de faturação para identificar potenciais instâncias de fraude, desperdício e abuso. Ao empregar técnicas de deteção de anomalias, reconhecimento de padrões e análise de rede, o sistema de IA sinalizou reivindicações suspeitas para investigação adicional, permitindo que o pagador recuperasse milhões de dólares em pagamentos fraudulentos e evitasse perdas futuras. Além disso, o sistema forneceu informações valiosas sobre esquemas e tendências de fraude emergentes, capacitando o pagador a implementar medidas proactivas para mitigar riscos e proteger recursos financeiros.

CAPÍTULO 10

O futuro da IA na economia

Jyoti Kataria

Escola de Engenharia e Tecnologia

K. R. Mangalam University, Gurugram, Haryana, Índia

Deepak Singh

Departamento de Engenharia e Tecnologia

ABES(IT), Ghaziabad, Uttar Pradesh, Índia

Introdução

À medida que a inteligência artificial (IA) continua a avançar a um ritmo acelerado, o seu impacto na teoria e na prática económicas está a tornar-se cada vez mais profundo. A intersecção entre a IA e a economia deu origem a uma infinidade de tendências emergentes que estão a remodelar os paradigmas económicos tradicionais e a abrir novas vias de investigação e aplicação.

Uma das tendências emergentes mais proeminentes na IA e na teoria económica é a integração de algoritmos de aprendizagem automática na modelação e análise económicas. Os modelos económicos tradicionais baseiam-se frequentemente em pressupostos simplificadores e quadros estáticos, que podem não captar a complexidade e a dinâmica dos sistemas económicos do mundo real. As técnicas de aprendizagem automática, no entanto, oferecem o potencial para analisar grandes quantidades de dados e identificar padrões e relações intrincados que podem estar para além do âmbito dos métodos econométricos tradicionais.

Por exemplo, os economistas estão a utilizar cada vez mais algoritmos de aprendizagem automática para prever indicadores económicos como o

"

crescimento do PIB, a inflação e as taxas de desemprego. Ao analisar grandes conjuntos de dados que contêm variáveis económicas, financeiras e sociais, os modelos de aprendizagem automática podem identificar padrões e correlações ocultos que os modelos tradicionais podem ignorar. Isto permite aos economistas fazer previsões mais exactas e atempadas, aumentando a eficácia das decisões de política monetária e orçamental.

Outra tendência emergente na IA e na teoria económica é a aplicação de técnicas de aprendizagem por reforço para estudar a tomada de decisões e o comportamento económico. A aprendizagem por reforço, um ramo da aprendizagem automática que se preocupa com a forma como os agentes devem tomar medidas num ambiente para maximizar uma certa noção de recompensa cumulativa, oferece um quadro poderoso para modelar processos complexos de tomada de decisões.

Os economistas estão a utilizar algoritmos de aprendizagem por reforço para estudar uma vasta gama de fenómenos económicos, incluindo o comportamento dos consumidores, a dinâmica do mercado e a estratégia das empresas. Ao simular agentes económicos como agentes de aprendizagem por reforço, os economistas podem compreender como as decisões individuais e colectivas moldam os resultados económicos. Isto tem implicações profundas para a compreensão da eficiência do mercado, a afetação de recursos e a emergência de sistemas económicos complexos.

Além disso, o aparecimento de plataformas de mercado e ecossistemas digitais alimentados por IA está a transformar o panorama das transacções e trocas económicas. Plataformas como a Amazon, a Alibaba e a Uber baseiam-se em algoritmos sofisticados de IA para fazer corresponder a oferta à procura, otimizar as estratégias de preços e personalizar as experiências dos utilizadores. Estas plataformas criam grandes quantidades de valor económico ao facilitarem transacções eficientes e sem atritos entre compradores e vendedores.

No entanto, o surgimento de plataformas alimentadas por IA também levanta questões importantes sobre a concorrência no mercado, a regulamentação antitrust e a distribuição de rendas económicas. À medida que estas plataformas se tornam cada vez mais dominantes nos seus respectivos mercados, há uma preocupação crescente com o seu potencial para sufocar a concorrência, explorar os dados dos consumidores e minar as indústrias tradicionais. Os decisores políticos e as entidades reguladoras estão a tentar encontrar um equilíbrio entre os benefícios das economias das plataformas e a necessidade de proteger os consumidores e promover uma concorrência leal.

Além disso, a integração da IA e da tecnologia de cadeia de blocos está a abrir novas possibilidades para sistemas económicos descentralizados e autónomos. A Blockchain, uma tecnologia de registo distribuído que permite transacções peer-to-peer seguras e transparentes, tem o potencial de revolucionar vários sectores da economia, incluindo o financeiro, a gestão da cadeia de fornecimento e a identidade digital.

Ao combinar a IA com a cadeia de blocos, os programadores podem criar organizações descentralizadas autónomas (DAO) que funcionam sem controlo centralizado ou intermediários. Estas DAOs podem executar contratos inteligentes, gerir activos digitais e coordenar actividades económicas complexas de forma autónoma, sem intervenção humana. Isto abre novos caminhos para a governação descentralizada, a tomada de decisões colectivas e a troca de valores entre pares, desafiando as noções tradicionais de organização económica e governação.

Além disso, o interesse crescente na IA explicável (XAI) está a remodelar a forma como os economistas compreendem e interpretam os modelos e as previsões económicas baseados na IA. A XAI refere-se ao desenvolvimento de sistemas de IA capazes de explicar as suas decisões e raciocínios de uma forma compreensível para o ser humano. Isto é particularmente importante nas aplicações económicas em que a transparência, a responsabilidade e a interpretabilidade são cruciais para a tomada de decisões informadas e a formulação de políticas.

Os economistas estão a incorporar cada vez mais técnicas de XAI nos seus modelos baseados em IA para aumentar a sua fiabilidade e interpretabilidade. Ao fornecerem explicações para as previsões e recomendações geradas pela IA, os economistas podem compreender melhor os mecanismos subjacentes que impulsionam os fenómenos económicos e avaliar a robustez e a fiabilidade dos modelos económicos baseados na IA.

A intersecção da IA e da teoria económica está a dar origem a uma miríade de tendências emergentes que estão a remodelar os paradigmas económicos tradicionais e a abrir novas fronteiras para a investigação e aplicação. Desde a integração de algoritmos de aprendizagem automática na modelação económica até à aplicação de técnicas de aprendizagem por reforço para estudar a tomada de decisões económicas, estas tendências têm o potencial de revolucionar a forma como os economistas compreendem e analisam os sistemas económicos. À medida que a IA continua a evoluir e a permear todos os aspectos da atividade económica, os economistas devem abraçar estas tendências emergentes e adaptar as suas metodologias e quadros em conformidade para navegar nas complexidades da economia impulsionada pela IA.

Implicações a longo prazo da IA nas estruturas económicas

À medida que a inteligência artificial (IA) continua a avançar a um ritmo acelerado, as suas implicações a longo prazo nas estruturas económicas estão a tornar-se cada vez mais profundas. As tecnologias de IA, que englobam a aprendizagem automática, o processamento de linguagem natural, a robótica e a automatização, têm o potencial de remodelar aspectos fundamentais das economias em todo o mundo.

Uma das implicações mais proeminentes a longo prazo da IA nas estruturas económicas é o seu efeito transformador nos mercados de trabalho. A automatização impulsionada pela IA tem a capacidade de racionalizar processos, melhorar a eficiência e reduzir a necessidade de mão de obra humana em vários sectores. Embora isto possa levar a um aumento da produtividade e do crescimento económico, também coloca desafios como a deslocação de postos de trabalho e a inadequação de competências. Certas tarefas rotineiras e repetitivas estão a ser cada vez mais automatizadas, o que leva a uma mudança na composição dos empregos e das competências exigidas no mercado de trabalho. Indústrias como a indústria transformadora, os transportes e o serviço de apoio ao cliente estão a assistir a mudanças significativas à medida que as tecnologias de IA assumem tarefas tradicionalmente desempenhadas por humanos.

Além disso, o impacto da IA nas estruturas económicas vai além da deslocação de postos de trabalho, abrangendo mudanças na natureza do próprio trabalho. À medida que as tarefas de rotina se automatizam, há uma procura crescente de competências relacionadas com a análise de dados, a resolução de problemas e a criatividade. Esta mudança para uma economia mais intensiva em termos de competências requer investimento em programas de educação e formação para equipar a força de trabalho com as competências necessárias para prosperar num mundo impulsionado pela IA. Além disso, a IA facilitou o aparecimento de novas formas de trabalho, como as plataformas da economia gig e o trabalho freelance à distância, oferecendo tanto oportunidades como desafios em termos de flexibilidade e estabilidade do emprego.

Além disso, a IA tem implicações para a distribuição do rendimento e a desigualdade nas economias. Embora os ganhos de produtividade impulsionados pela IA tenham o potencial de aumentar a riqueza global, os benefícios não são distribuídos de forma homogénea. Certos segmentos da sociedade, em especial os que possuem elevados níveis de educação e competências técnicas, podem colher benefícios desproporcionados dos avanços da IA. Por outro lado, os trabalhadores pouco qualificados em sectores vulneráveis à automatização podem sofrer de estagnação salarial e insegurança no emprego. A resolução do crescente fosso de rendimentos exige medidas proactivas, como a tributação progressiva, redes de segurança social e políticas para promover o crescimento inclusivo e o acesso equitativo a oportunidades impulsionadas pela IA.

Para além da dinâmica do mercado de trabalho, a IA está a remodelar as estruturas económicas através da sua influência nos modelos de negócio e na concorrência do mercado. A IA permite às empresas recolher e analisar grandes quantidades de dados, o que conduz a uma tomada de decisões mais informada e a experiências personalizadas para os clientes. Esta abordagem baseada em dados pode conferir uma vantagem competitiva às empresas que utilizam a IA de forma eficaz, conduzindo à concentração do mercado e ao aparecimento de gigantes tecnológicos que dominam vários sectores. Consequentemente, existem preocupações quanto ao potencial comportamento monopolista e à erosão da concorrência, exigindo medidas regulamentares para garantir uma concorrência leal e evitar práticas anticoncorrenciais.

Além disso, a IA tem implicações para as estruturas económicas mundiais, nomeadamente no contexto do comércio internacional e da geopolítica. A automatização impulsionada pela IA tem o potencial de alterar a vantagem comparativa e de transferir as actividades de fabrico para outros países. Além disso, as tecnologias de IA, como a cadeia de blocos e a análise preditiva, estão a transformar a gestão da cadeia de abastecimento, conduzindo a uma maior eficiência e transparência nas redes de comércio mundial. No entanto, a difusão das capacidades de IA nos países é desigual, o que suscita preocupações quanto às disparidades tecnológicas e exacerba as desigualdades económicas entre as nações. Além disso, a corrida ao domínio da IA tem implicações geopolíticas, com os países a disputarem uma vantagem estratégica na investigação, desenvolvimento e implementação da IA.

As implicações a longo prazo da IA nas estruturas económicas são multifacetadas e de grande alcance. Embora a IA tenha o potencial de impulsionar ganhos de produtividade, inovação e crescimento económico, também apresenta desafios como a deslocação de empregos, a desigualdade de rendimentos e a concentração do mercado. Para enfrentar estes desafios, são necessárias políticas e estratégias proactivas que promovam o crescimento inclusivo, o desenvolvimento de competências e o acesso equitativo a oportunidades impulsionadas pela IA. Além disso, a cooperação internacional e os quadros de governação são essenciais para navegar na complexa dinâmica do impacto da IA nas estruturas económicas globais e garantir que os benefícios da IA sejam partilhados equitativamente entre as sociedades.

Considerações éticas e sociais

No panorama em constante evolução da inteligência artificial (IA) e da sua integração em vários sectores, incluindo o económico, as considerações éticas e societais desempenham um papel crucial. À medida que as tecnologias de IA continuam a avançar e a permear diferentes aspectos das actividades económicas, torna-se imperativo abordar as implicações éticas e o impacto social destas tecnologias.

Uma das principais preocupações éticas em torno da utilização da IA na economia é o potencial de enviesamento e discriminação algorítmica. Os sistemas de IA são treinados com base em grandes quantidades de dados e, se esses dados forem tendenciosos ou reflectirem preconceitos sociais existentes, podem conduzir a decisões tendenciosas. No contexto da economia, os algoritmos de IA tendenciosos podem perpetuar as desigualdades existentes, favorecendo certos grupos em detrimento de outros em áreas como a contratação, o crédito e a atribuição de recursos. A abordagem do enviesamento algorítmico exige uma análise cuidadosa dos dados utilizados para treinar modelos de IA e o desenvolvimento de algoritmos conscientes da equidade que atenuem o enviesamento.

A transparência e a responsabilidade são também considerações éticas essenciais na integração da IA e da economia. Os sistemas de IA funcionam frequentemente como caixas negras, o que torna difícil compreender a forma como chegam às decisões. A falta de transparência pode minar a confiança nos sistemas de IA, sobretudo em contextos económicos em que as decisões têm implicações significativas para os indivíduos e a sociedade em geral. Por conseguinte, garantir a transparência nos processos de tomada de decisão da IA e estabelecer mecanismos de responsabilização são essenciais para promover a confiança e responder às preocupações sobre a opacidade dos sistemas de IA.

A privacidade é outra consideração ética fundamental na utilização da IA na economia. As tecnologias de IA baseiam-se em grandes quantidades de dados, incluindo informações pessoais, para treinar modelos e fazer previsões. No entanto, a recolha e a utilização de dados pessoais suscitam preocupações quanto à violação da privacidade e ao acesso não autorizado a informações sensíveis. No contexto da economia, as preocupações com a privacidade podem surgir em áreas como a publicidade direccionada, as transacções financeiras e a análise dos cuidados de saúde. É essencial estabelecer regulamentos sólidos em matéria de proteção de dados e técnicas de preservação da privacidade para salvaguardar os direitos de privacidade dos indivíduos, aproveitando simultaneamente o poder da IA para fins económicos.

Além disso, a implantação da IA na economia suscita considerações sociais mais amplas relacionadas com a deslocação de postos de trabalho e a desigualdade económica. As tecnologias de IA têm o potencial de automatizar tarefas de rotina e aumentar a tomada de decisões humanas, levando a mudanças nos mercados de trabalho e nos requisitos de competências. Embora a IA possa aumentar a produtividade e a eficiência, pode também resultar na deslocação de postos de trabalho e exacerbar as desigualdades existentes se não for gerida de forma eficaz. Por conseguinte, os decisores políticos e as partes interessadas devem considerar estratégias para requalificar e melhorar as competências da mão de obra, garantir um acesso equitativo às oportunidades impulsionadas pela IA e atenuar os efeitos adversos da automatização nas populações vulneráveis.

Além disso, há implicações éticas associadas à utilização da IA para a vigilância e o controlo económicos. As tecnologias de vigilância baseadas em IA permitem que os governos e as empresas monitorizem o comportamento dos indivíduos, acompanhem as transacções financeiras e analisem as tendências económicas em tempo real. Embora estas tecnologias possam melhorar a segurança e a conformidade regulamentar, também levantam preocupações sobre a invasão da privacidade, a vigilância em massa e o autoritarismo. É essencial equilibrar os benefícios da vigilância económica com o respeito pelos direitos e liberdades individuais para evitar a utilização indevida de tecnologias de IA para fins de vigilância e controlo.

Além disso, existem dilemas éticos em torno da utilização da IA para a manipulação económica e a manipulação do mercado. Os algoritmos de IA podem analisar grandes quantidades de dados e executar transacções a velocidades muito superiores às capacidades humanas, levantando preocupações sobre a manipulação do mercado, o abuso de informação privilegiada e a desestabilização dos mercados financeiros. As entidades reguladoras e os decisores políticos devem desenvolver mecanismos de supervisão e regulamentos sólidos para evitar a utilização indevida da IA nos mercados financeiros e garantir práticas comerciais justas e transparentes.

A integração da inteligência artificial na economia apresenta oportunidades e desafios do ponto de vista ético e social. Abordar o enviesamento algorítmico, garantir a transparência e a responsabilização, proteger os direitos de privacidade, mitigar a deslocação de empregos e impedir a vigilância e a manipulação económica são considerações essenciais para aproveitar o potencial da IA para o desenvolvimento económico. Ao navegar cuidadosamente por estas considerações éticas e sociais, podemos maximizar os benefícios da IA, minimizando os seus riscos e promovendo um futuro económico mais inclusivo e equitativo.

Preparar-se para um futuro económico impulsionado pela IA

À medida que a integração da inteligência artificial (IA) continua a permear várias indústrias, incluindo a economia, a necessidade de se preparar para um futuro económico impulsionado pela IA torna-se cada vez mais importante. O potencial transformador da IA na remodelação dos cenários económicos é inegável, apresentando tanto oportunidades como desafios que exigem estratégias proactivas de adaptação e otimização.

Um dos aspectos fundamentais da preparação para um futuro económico impulsionado pela IA é a educação e o desenvolvimento de competências. À medida que as tecnologias de IA se tornam mais prevalecentes, espera-se que a procura de trabalhadores com conhecimentos especializados em domínios relacionados com a IA, como a ciência dos dados, a aprendizagem automática e a programação, aumente. Por conseguinte, investir em programas de educação e formação que dotem os indivíduos das competências de IA necessárias é essencial para garantir uma mão de obra qualificada capaz de prosperar na economia impulsionada pela IA. Isto pode implicar a reformulação dos currículos educativos para incorporar cursos relacionados com a IA, proporcionando programas de formação especializados para os actuais profissionais e promovendo parcerias entre o meio académico e a indústria para colmatar a lacuna de competências.

Além disso, a promoção de uma cultura de aprendizagem ao longo da vida e de adaptabilidade é crucial face aos rápidos avanços tecnológicos impulsionados pela IA. Devem ser incentivadas iniciativas contínuas de melhoria de competências e de requalificação para permitir que os indivíduos permaneçam relevantes e competitivos num panorama económico em constante evolução. Adotar uma mentalidade de crescimento que aceite a mudança e a inovação é essencial para navegar nas incertezas e perturbações que podem acompanhar a adoção generalizada das tecnologias de IA.

Para além da preparação individual, as empresas devem também definir estratégias e adaptar-se para aproveitar o potencial da IA para a inovação e o crescimento. A adoção da automatização impulsionada pela IA pode simplificar processos, aumentar a produtividade e desbloquear novas oportunidades de eficiência e escalabilidade. No entanto, a integração bem sucedida da IA nas operações comerciais requer um planeamento cuidadoso, investimento em infra-estruturas e tecnologia e uma compreensão abrangente dos potenciais riscos e implicações. As empresas devem dar prioridade à governação dos dados, à cibersegurança e às considerações éticas para garantir uma implementação responsável e sustentável da IA.

Além disso, a promoção de uma cultura de inovação e experimentação é essencial para impulsionar o crescimento económico impulsionado pela IA. Incentivar o empreendedorismo e apoiar as empresas em fase de arranque e as pequenas empresas a explorar soluções baseadas na IA pode estimular a inovação e o dinamismo económico. A colaboração entre as partes interessadas da indústria, o meio académico e as agências governamentais pode facilitar a partilha de conhecimentos, a atribuição de recursos e o desenvolvimento de ecossistemas de IA propícios à inovação e ao empreendedorismo.

A nível governamental, os decisores políticos desempenham um papel fundamental na definição do quadro regulamentar e das infra-estruturas necessárias para facilitar a transição para uma economia orientada para a IA. O estabelecimento de directrizes e normas claras para o desenvolvimento e a implantação da IA pode mitigar os riscos e promover a confiança e a transparência nos sistemas de IA. Além disso, o investimento em infra-estruturas digitais, como a Internet de alta velocidade e as infra-estruturas de dados, é essencial para permitir um acesso generalizado às tecnologias de IA e garantir uma participação equitativa na economia digital.

Além disso, os decisores políticos devem abordar as implicações socioeconómicas da automação impulsionada pela IA, incluindo a potencial deslocação de empregos e a desigualdade de rendimentos. A implementação de políticas que apoiem a requalificação da força de trabalho, o apoio ao rendimento e as redes de segurança social pode ajudar a mitigar os efeitos adversos da automação nas populações vulneráveis e garantir uma transição justa para uma economia impulsionada pela IA. Além disso, a promoção de estratégias de crescimento inclusivo que priorizem o acesso equitativo às tecnologias e oportunidades de IA pode promover a resiliência e a coesão socioeconómica.

Outro aspeto crítico da preparação para um futuro económico impulsionado pela IA é a abordagem das preocupações éticas e sociais relacionadas com a adoção da IA. À medida que as tecnologias de IA se vão integrando cada vez mais em vários aspectos da sociedade, é imperativo assegurar o desenvolvimento e a utilização éticos da IA para salvaguardar contra potenciais danos e promover o bem-estar humano. Considerações éticas como a privacidade, o preconceito, a responsabilidade e a transparência devem ser cuidadosamente consideradas e abordadas através de mecanismos de governação sólidos, quadros éticos e supervisão regulamentar.

Além disso, promover a sensibilização e o envolvimento do público em torno das tecnologias de IA é essencial para criar confiança e promover a adoção responsável da IA. Educar o público sobre as capacidades, limitações e implicações éticas da IA pode capacitar os indivíduos para tomarem decisões informadas e participarem ativamente na definição do futuro das economias impulsionadas pela IA. Além disso, a promoção da colaboração interdisciplinar e do diálogo entre as partes interessadas de diversas origens pode facilitar abordagens holísticas e matizadas para enfrentar os complexos desafios sociotécnicos associados à adoção da IA.

BIBLIOGRAFIA

1. Lu, Y., & Zhou, Y. (2021). Uma revisão sobre a economia da inteligência artificial. Journal of Economic Surveys, 35(4), 1045-1072.

2. Ernst, E., Merola, R., & Samaan, D. (2019). Economia da inteligência artificial: Implicações para o futuro do trabalho. IZA Journal of Labor Policy, 9(1).

3. Agrawal, A., Gans, J., & Goldfarb, A. (Eds.). (2019). A economia da inteligência artificial: uma agenda. Imprensa da Universidade de Chicago.

4. Varian, H. R. (2018). Inteligência artificial, economia e organização industrial (Vol. 24839). Cambridge, MA, EUA:: National Bureau of Economic Research.

5. Dirican, C. (2015). Os impactos da robótica, da inteligência artificial nos negócios e na economia. Procedia-Social and Behavioral Sciences, 195, 564-573.

6. Gries, T., & Naudé, W. (2022). Modelação da inteligência artificial em economia. Journal for labour market research, 56(1), 12.

7. Benaroch, M. (1996). Artificial intelligence in economics Truth and dare. Journal of Economic Dynamics and Control, 20(4), 601-605.

8. Goldfarb, A., Gans, J., & Agrawal, A. (2019). A economia da inteligência artificial: An agenda. Chicago, IL: University of Chicago Press.

9. Ruiz-Real, J. L., Uribe-Toril, J., Torres, J. A., & De Pablo, J. (2021). Inteligência artificial na pesquisa em negócios e economia: Tendências e futuro. Journal of Business Economics and Management, 22(1), 98-117.

10.Bickley, S. J., Chan, H. F., & Torgler, B. (2022). Inteligência artificial no domínio da economia. Scientometrics, 127(4), 2055-2084.

11.Parkes, D. C., & Wellman, M. P. (2015). Raciocínio económico e inteligência artificial. Science, 349(6245), 267-272.

12.Camerer, C. F. (2019). Inteligência artificial e economia comportamental. A economia da inteligência artificial: Uma agenda, 587-608.

More
Books!

info@omniscriptum.com
www.omniscriptum.com
OMNIScriptum

Printed by Books on Demand GmbH, Norderstedt / Germany